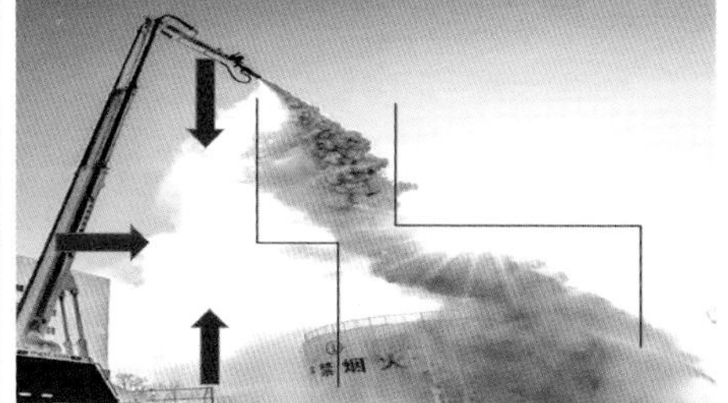

图 6.1　现有复合射流灭火剂的喷射状态

图 6.13　水成膜泡沫灭火剂体积分数分布云图(原复合射流枪)

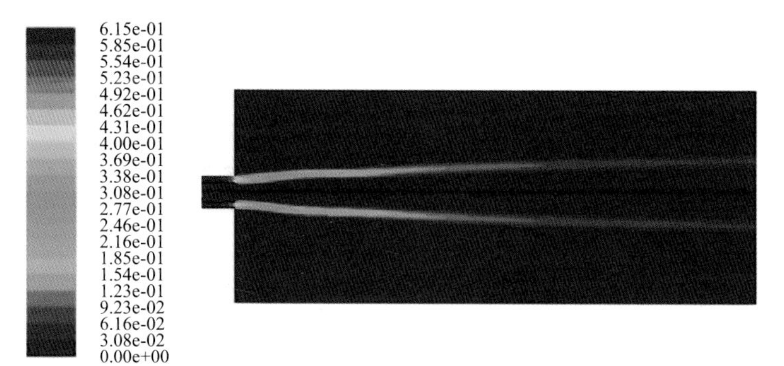

图 6.14　KFR-100 水系灭火剂体积分数分布云图(原复合射流枪)

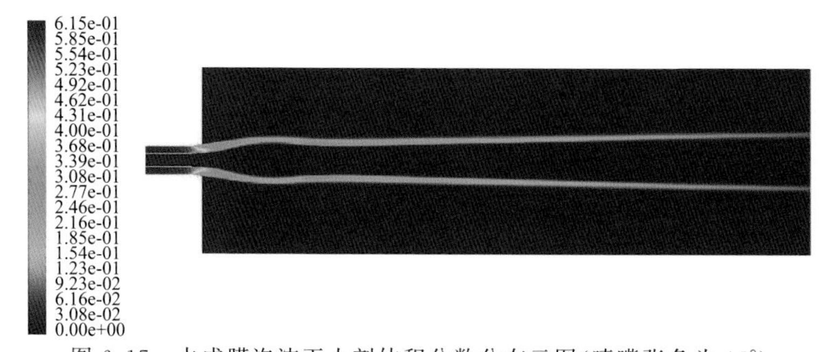

图 6.17　水成膜泡沫灭火剂体积分数分布云图(喷嘴张角为 15°)

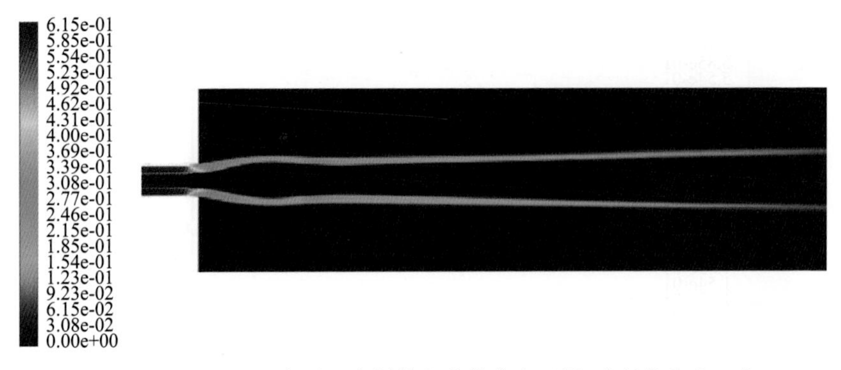

图 6.18　KFR-100 水系灭火剂体积分数分布云图(喷射张角为 15°)

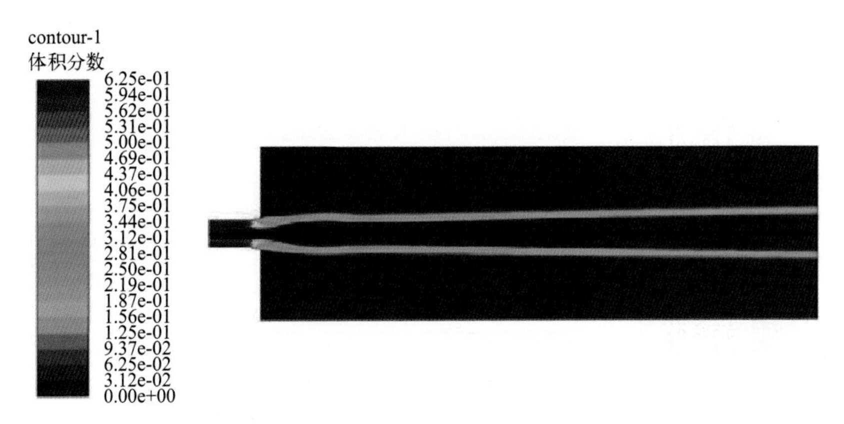

图 6.21　水成膜泡沫灭火剂体积分数分布云图(喷嘴张角为 25°)

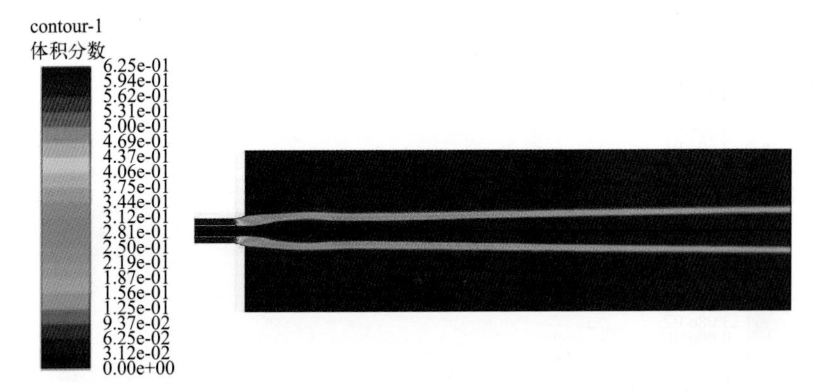

图 6.22　KFR-100 水系灭火剂体积分数分布云图(喷嘴张角为 25°)

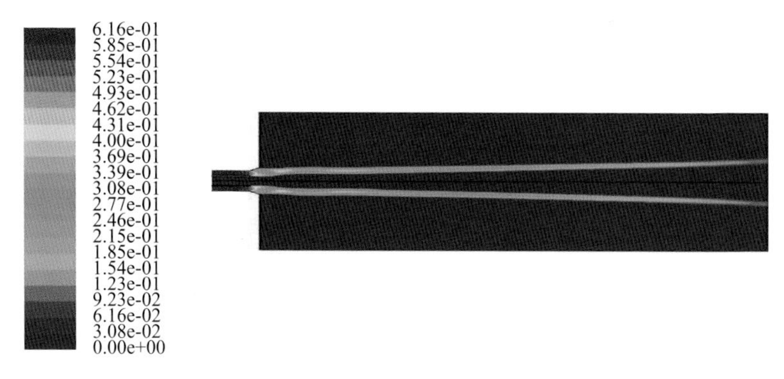

图 6.25　水成膜泡沫灭火剂体积分数分布云图(喷嘴张角为 30°)

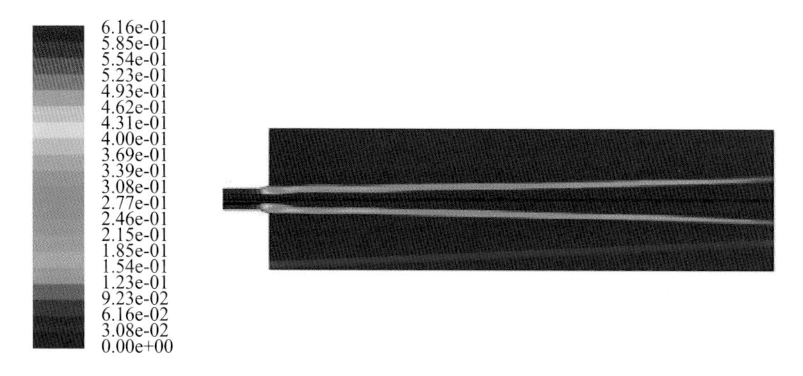

图 6.26　KFR-100 水系灭火剂体积分数分布云图(喷嘴张角为 30°)

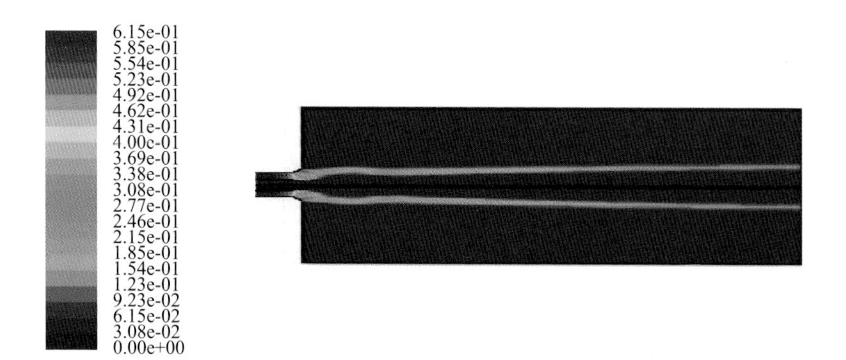

图 6.29　水成膜泡沫灭火剂体积分数分布云图(喷嘴张角为 35°)

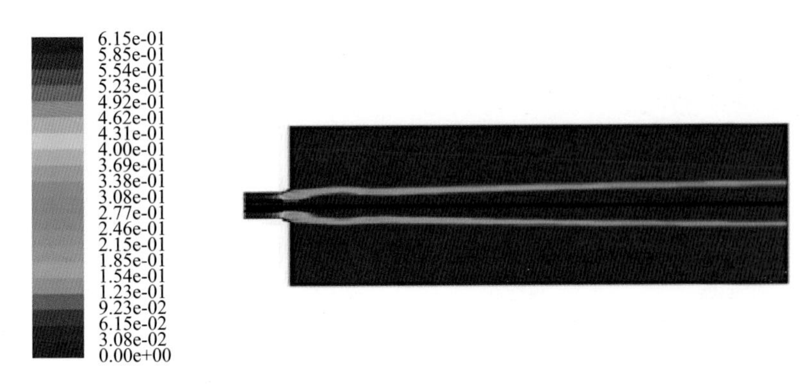

图 6.30 KFR-100 水系灭火剂体积分数分布云图(喷嘴张角为 35°)

图 6.61 水成膜灭火剂协同憎水性超细干粉复合射流灭油火效果

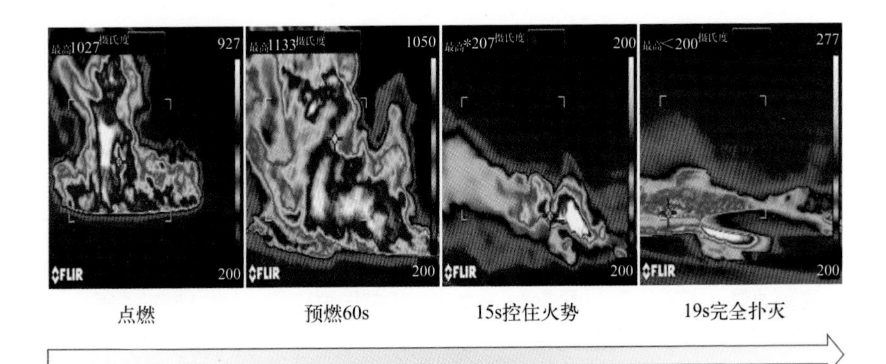

图 6.62 水成膜灭火剂协同憎水性超细干粉复合射流灭油火温度变化

图 6.63　KFR-100 灭火剂协同憎水性超细干粉复合射流灭油火效果

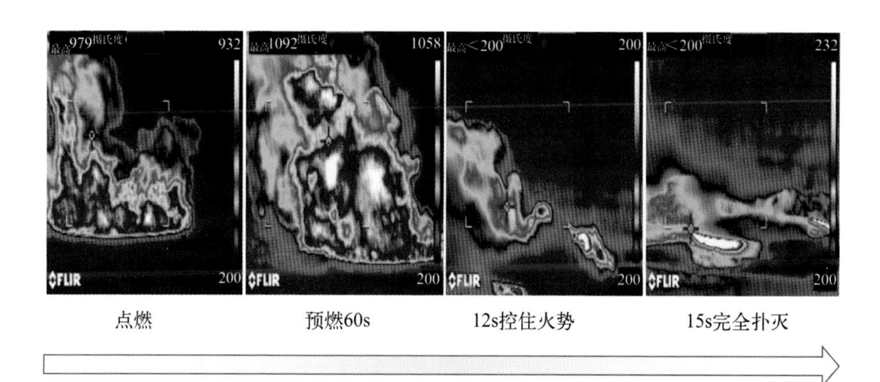

图 6.64　KFR-100 灭火剂协同憎水性超细干粉复合射流灭油火温度变化

图 6.65　水成膜泡沫灭火剂协同超细干粉基于优化枪复合射流灭油火过程

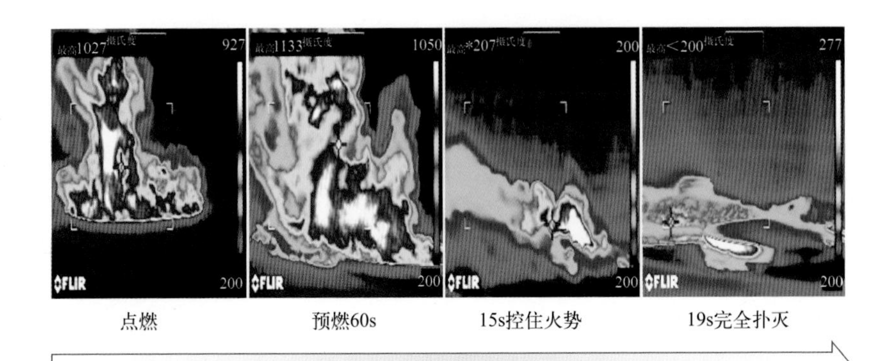

图 6.66　水成膜泡沫灭火剂协同超细干粉基于优化枪复合射流灭油火温度变化

图 6.67　KFR-100 水系灭火剂协同超细干粉基于优化枪复合射流灭油火过程

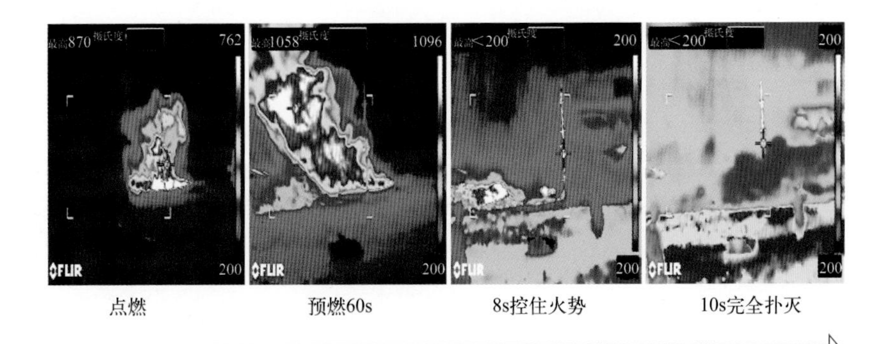

图 6.68　KFR-100 水系灭火剂协同超细干粉基于优化枪复合射流灭油火温度变化

复合射流灭火技术与应用

吕 鹏 著

化学工业出版社
·北 京·

内容简介

《复合射流灭火技术与应用》主要介绍复合射流灭火技术的灭火机理和相应的灭火性能实验及技战术，包括复合射流灭火技术概述、复合射流技术的灭火机理分析与灭火药剂的选取、复合射流灭火剂协同灭火实验研究、复合射流灭火技术的大型灭火实验研究、复合射流消防车的设计与集成、复合射流协同喷射性能的优化研究、复合射流灭火技术在石化类火灾扑救中的应用等内容。

本书可作为普通高等教育和职业教育消防救援专业的辅助教材、政府和企业消防救援队伍的培训教材；也可以为从事灭火救援相关专业和业务的人员普及新的灭火技术战术，进一步提升大型油罐安全风险防控能力。

图书在版编目（CIP）数据

复合射流灭火技术与应用 / 吕鹏著. -- 北京 : 化学工业出版社, 2025. 2. -- ISBN 978-7-122-46968-7

I. TU998.1

中国国家版本馆 CIP 数据核字第 2025TA0430 号

责任编辑：王海燕　　文字编辑：徐　秀　师明远
责任校对：刘　一　　装帧设计：张　辉

出版发行：化学工业出版社
（北京市东城区青年湖南街 13 号　邮政编码 100011）
印　　装：北京新华印刷有限公司
880mm×1230mm　1/32　印张 5½　彩插 3　字数 157 千字
2025 年 5 月北京第 1 版第 1 次印刷

购书咨询：010-64518888　　售后服务：010-64518899
网　　址：http://www.cip.com.cn
凡购买本书，如有缺损质量问题，本社销售中心负责调换。

定　　价：68.00 元

前言

近年来，随着我国能源安全战略的实施和经济社会的快速发展，我国的油品储罐区正在朝着大型化方向发展，大型石油储罐区和超大型油罐（单罐容积大于10万m^3）不断增多。伴随着油罐区规模的扩大、单罐容积的增加和石油化工行业的迅猛发展，潜在风险日趋增加、火灾事故时有发生，影响较大的有2010年大连中石油国际储运有限公司“7·16”输油管道爆炸火灾事故，2013年青岛“11·22”中石化东黄输油管道泄漏爆炸特别重大事故，2021年沧州渤海新区鼎睿石化有限公司“5·31”火灾爆炸事故等，这些事故造成了重大的人员伤亡、经济损失和极其严重的社会影响。

为了不断提高灭火作战能力，最大限度地减少人民生命财产的损失，消防救援队伍在加强装备器材配备的同时，先后引进了多种高效灭火剂，如微胞囊类灭火剂、冷气溶胶灭火剂、水凝胶灭火剂等。在灭火过程中最大限度地发挥各类灭火剂的优势，并通过互补方式来弥补各自的不足，成为提高此类火灾防控能力的关键。复合射流灭火技术是指将两种或两种以上灭火剂以三相自由紊动射流的方式喷射到燃烧区使燃烧终止的灭火技术，能够同时发挥抑制自由基、冷却降温、乳化隔绝、淹没窒息等灭火作用，主要包括复合射流用高效灭火剂、多种灭火剂联用性能、多相流理论、复合射流消防车的开发与应用等，是一种先进的处置大型石化类火灾特别是大型油罐火灾的灭火方法。

本书内容是在国家重点计划课题“超大型油罐区火灾爆炸事故处置及装备”的研究基础上进行的归纳总结，成果先后在中国石油大庆培训中心、大连消防救援支队和第二届全国危险化学品应急救援技术竞赛上进行了油罐火灾灭火实战演练，得到了媒体的广泛报道，取得了良好的社会反响。

本书共分七章，主要介绍复合射流灭火技术的灭火机理和相应的灭火性能实验及技战术，包括复合射流灭火技术概述、复合射流技术的灭火机理分析与灭火药剂的选取、复合射流灭火剂协同灭火实验研究、复合射流灭火技术的大型灭火实验研究、复合射流消防车的设计与集成、复合射流协同喷射性能的优化研究、复合射流灭火技术在石化类火灾扑救中的应用等内容。在编写过程中得到了国家重点计划“超大型油罐区火灾爆炸事故处置及装备”课题组、辽宁省消防救援总队毛子豪和庞博、山西省消防救援总队张栋楠、河北省消防救援总队张珍珍，以及明光浩淼安防科技股份公司和山东环绿康新材料科技有限公司的大力支持，在此一并表示感谢。

本书可供从事灭火救援技术研究的技术人员，消防指挥员，企事业单位消防管理干部、灭火战斗人员阅读，也可作为高等院校消防指挥与技术专业、安全技术工程专业的教学参考书。愿此书能为从事灭火救援的人员提供一些有益的参考。

由于作者水平所限，书中难免存在不足之处，恳请读者批评指正。

著者

2024 年 10 月

目录

第五章 复合射流消防车的设计与集成

第六章 复合射流协同喷射性能的优化研究

第七章 复合射流灭火技术在石化类火灾扑救中的应用

参考文献

第一章　复合射流灭火技术概述

第一节　石油化工火灾事故风险

随着我国能源安全战略的调整实施和经济社会的快速发展，石油已经成为保障国家经济与政治安全的重要战略物资，石油及其化工产品作为国家的重要能源正在积极扩大其战略储备。20 世纪 70 年代爆发石油危机以后，世界各国逐步认识到石油战略储备的重要性，纷纷建立了庞大的石油储备。美国从 1975 年开始建立石油储备体系以来，在石油储存设施的建设与维护保养当中投入了大量资金，成为目前世界最大的石油储备国，日本迄今也已建成 10 个国家储备基地，欧盟等国家也根据自己的国情建立石油储备。中国在 2003 年建立了石油储备制度，2004 年正式规划建设国家石油战略基地。目前，我国已建成 9 个国家石油储备基地，利用上述储备库及部分社会企业库容，储备原油 3773 万吨。据国家统计局等公开资料，这 9 个国家石油储备基地的库容如表 1.1 所示，部分石油储备基地实景图如图 1.1 所示。

表 1.1　我国 9 大国家石油储备基地一览表

序号	基地名称	所在省份	石油储备总量/万 m^3
1	舟山石油储备基地	浙江	500
2	舟山扩建石油储备基地	浙江	250
3	镇海石油储备基地	浙江	520
4	大连石油储备基地	辽宁	300
5	黄岛石油储备基地	山东	320

续表

序号	基地名称	所在省份	石油储备总量/万 m^3
6	黄岛国家石油储备洞库(地下库)	山东	300
7	独山子石油储备基地	新疆	540
8	兰州石油储备基地	甘肃	300
9	天津国家石油储备基地	天津	500

(a) 大连国储基地

(b) 镇海国储基地

图 1.1　部分石油储备基地实景图

目前，中国的石油消费正在逐年增长，石油消费量成为继美国之后的第二大石油消费国。为满足我国石油战略储备的需要和石油储备库满足 90 天储备水平的要求，我国的油品储罐区正在朝着大型化方向发展，大型石油储罐区和超大型油罐（单罐容积大于 10 万 m^3）不断增多，已建和拟建的国家储备库，库容基本超过 100 万 m^3，有的甚至规划到 2000 万 m^3，单罐容积小则 5 万 m^3，大则 15 万 m^3，10 万 m^3 以上的储罐屡见不鲜。伴随着油罐区规模的扩大和单罐容积的增加，大型油罐区潜在的火灾事故风险也在不断增大。

油罐和石油管道是大型油罐区储存和运输油品的重要设备。油品储罐内储存的各种油品一般具有易挥发、易燃烧、易爆炸等性质，一旦发生火灾，燃烧迅速、火焰温度高、火焰辐射热强等特点使得油品及油蒸气极易发生物理爆炸和化学爆炸，导致罐体变形破裂和倒塌，造成大量油品泄漏、蔓延燃烧，形成大面积油池火和流淌火。特别是随着油罐数量的增多，储罐一旦着火，燃烧储罐对邻近罐的威胁很大，火焰热辐射往往引起邻近罐的损坏、破裂和坍塌，造成火势的迅速蔓延和扩大，引发“多米诺”效应。从而造成大量的人员伤亡和财产损失，同时也给火灾扑救工作带来了巨大困难。

目前我国建造的大型石油储备库中，单罐的容积大都集中在10万m^3，罐直径80m以上。依据《石油库设计规范》（GB 50074—2014）等现行国家标准，我国大型石油储备库的油罐布置为：10万m^3罐，6罐为一组；15万m^3罐，4罐为一组，双排布置，满足一个罐组60万m^3要求。储罐数量少则几十个，多则上百个，一旦发生油罐敞开式燃烧，所产生的辐射热对于周围油罐必然产生严重的影响。资料研究表明，当汽油储罐容积为2万m^3，直径为40.5m，整个罐面着火燃烧时，产生的辐射热为14.33×10^4kW，危害距离在17.44m以上，超过了《石油库设计规范》规定的油罐之间的最小防护距离（$0.4D$，D是油罐直径）。大型石油储罐的直径为该油罐（指举例中的2万m^3油罐）的一倍以上，一旦发生池火燃烧，产生的热辐射将成指数倍增加，对相邻油罐或其他基础设施产生毁灭性破坏。

据不完全统计：近50年间，国内外油品储罐共发生242起重大火灾事故，近30年间的百起特大事故中，油罐区火灾事故为10起，其中一些油罐火灾由于造成了巨大的人员伤亡、经济损失和环境破坏而为人们所熟知。1982年12月19日，委内瑞拉加拉加斯附近的一座大型发电厂的石油储罐发生爆炸，造成145人死亡（其中包含43名消防救援人员），500多人受伤，大火使得该市一半地区的用电中断，直接经济损失高达5.21亿美元。1989年8月12日，我国青岛黄岛油库2.3万立方米原油储量的5号油罐爆炸起火，灌顶炸裂，原油沸溢燃烧，原油漫溢燃烧引起邻近油罐着火爆炸，大火持续燃烧了104小时，烧掉原油4万多立方米，大量储存和生产设施被毁，造成10辆消防车被毁，19人牺牲，100多人受伤以及3540万元的直接经济损失。2005年12月11日，位于英国伦敦北部赫默尔亨普斯特德镇的邦斯菲尔德油库发生爆炸起火，火灾持续燃烧了60多小时，烧毁了大型储罐20余座，造成直接经济损失2.5亿英镑。2010年7月16日，大连中国石油国际储运有限公司原油罐区发生爆炸，造成原油大量泄漏并引发大面积火灾，作业人员1人轻伤、1人失踪，消防战士 1 人牺牲、1 人重伤，直接经济损失 22330.19 万元。2012 年 8 月 25 日，委内瑞拉西部法尔孔州阿穆艾炼油厂内的液化石油气罐泄漏造成爆炸并导致附近的 9 个轻油和汽油罐起火，烧毁两个储油罐，造成 48 人死亡，86 人受伤。

除此之外，近年来随着石油化工行业的快速发展，大型石油化工火灾时有发生，给人民群众的生命财产安全及环境造成了重大损失。以我国为例，2013 年 11 月 22 日，位于青岛的中国石化输油管道由于腐蚀破裂导致原油泄漏，因现场处置不当引爆暗渠油气，形成大范围连续爆炸事故，共造成 62 人遇难，136 人受伤，直接经济损失 7.5 亿元。2015 年 4 月 6 日，福建漳州古雷腾龙芳烃 PX 项目装置发生泄漏着火，引发附近罐区重石脑油储罐 607 号罐（存油 2000m^3）、608 号罐（存油 6000m^3），以及轻重整液罐 610 号罐（存油 4000m^3）等 3 个储罐爆裂燃烧，造成 14 人受伤，直接经济损失 9457 万元。2017 年 6 月 5 日，临沂市金誉石化有限公司装卸区一液化气罐车在装卸作业时发生爆炸，引发火灾事故，造成 10 人死亡，9 人受伤，其中 1 人重伤，8 人轻伤，直接经济损失约 4468 万元。2021 年 5 月 31 日，沧州市渤海新区鼎睿石化有限公司在油气回收管线未安装阻火器和切断阀的情况下，违规动火作业，引发管内及罐顶部可燃气体闪爆，引燃罐内稀释沥青，发生火灾爆炸事故，造成 6 个储罐、1 万余吨原油燃烧，直接经济损失约 3872 万元。2022 年 6 月 8 日，中国石油化工股份有限公司茂名分公司化工分部芳烃车间中间罐区的乙烯输送泵发生泄漏，摩擦产生的静电火花引发泄漏乙烯爆燃起火事故，造成 2 人死亡、1 人受伤，直接经济损失 925.55 万元。2022 年 6 月 18 日，上海石油化工股份有限公司化工部 1＃乙二醇装置环氧乙烷精制塔区域发生爆炸事故，造成 1 人死亡、1 人受伤，直接经济损失约 971.48 万元。部分火灾事故如图 1.2～图 1.5 所示。

根据大型油罐区火灾的特点，一旦发生火灾极易形成大面积的油池火和流淌火，火焰会随着油品的流动而迅速蔓延传播，同时燃烧产生的热辐射会进一步导致火灾范围的扩大，形成大面积火海，从而造成重大的人员伤亡和财产损失。针对大型石油储罐区潜在的大面积油池火和流淌火火灾事故，灭火剂的使用在罐区火灾扑救中起着关键性

图 1.2　青岛黄岛油库爆炸火灾事故

(a) 爆炸火灾事故现场

(b) 事故前现场图

(c) 事故后现场图

图 1.3　邦斯菲尔德油库爆炸火灾事故

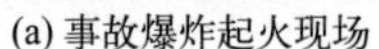

(a) 事故爆炸起火现场

(b) 事故救援现场

图 1.4　大连“7·16”输油管道火灾爆炸事故

图 1.5　委内瑞拉阿穆艾炼油厂爆炸火灾事故

作用。目前，针对大面积油池火和流淌火，主要采用泡沫灭火剂和干粉灭火剂来扑救，从实际使用效果看，这两种灭火剂各有利弊。现有干粉灭火剂具有灭火速度快的优点，但是其在扑救大面积油池火和流淌火时的降温性能和抗复燃性差，灭火效果有限；现有泡沫灭火剂具有较好的覆盖、隔热和降温性能，但是在大面积油池火和流淌火中灭火速度相对较慢，而且泡沫在强热辐射条件下的抗烧性差、消泡快，只有采用很大的供给强度才能达到快速有效灭火的要求，同时需要具备足够的水源作保障，这些因素都限制了它的有效使用。目前，在实战中有将干粉灭火剂与泡沫灭火剂联用的方法，即利用干粉灭火剂的快速消焰压制火势，再使用泡沫灭火剂及时覆盖，此法与单独使用两者中的一种灭火相比具有一定的优势。但是，受战术配合难度的影响，一般难以达到理想效果。

近年来，为了不断提高消防队伍的灭火作战能力，最大限度地减少人民群众生命财产的损失，消防队伍在引进国内外先进消防科技的过程中，在加强装备器材配备的同时，也先后引进了多种高效灭火剂及相关应用技术，如微胞囊类灭火剂、冷气溶胶灭火剂、压缩空气泡沫灭火系统、复合射流灭火技术等。在灭火救援过程中，面对不同类型的火灾，不同的灭火剂通过抑制不同的燃烧要素来达到其灭火效果。如何在灭火过程中最大限度地发挥各类灭火剂及灭火技术手段的优势，并通过优势互补的方式来弥补各自的不足，成为提高消防队伍灭火战斗力与灭火效率的重要课题。复合射流灭火技术由于具有同时喷射多种灭火剂、充分发挥不同灭火剂灭火功效的功能，其在大型石油储罐区的应用逐渐受到重视。但是，针对该技术的研究尚处于初步阶段，对其喷射与灭火性能影响因素的研究还鲜有报道。因此，分析复合射流灭火技术喷射与灭火性能影响因素，并对其进行合理优化，有助于提升复合射流灭火技术的灭火效能，对于提高大型石油储罐区的火灾防控能力具有一定的参考和应用价值。

第二节　复合射流灭火技术的定义与研究现状

一、多相流体的定义

在自然界和实际工程应用中，很多流动现象都含有多种不同相的混合流动。对于物理或化学性质相同且具有相同成分的均匀物质，人们通常将其称为相。在自然界中，单相物体主要包括各部分均匀的固相物体、液相物体和气相物体。由于液体和气体具有流动特性，因此，人们也将液体和气体统称为流体。若气体或液体的各部分处于均匀状态，则把二者单相物质的流动称为单相流。工程上将同时存在两种或多种不同相的物质的流动称为两相流或多相流，如气液两相流、液液两相流、气固两相流、液固两相流以及气液固三相流。

对于两相或多相流动的界定需要满足两个条件：其一，不同相之间存在一个明显的相的界面；其二，相与相之间的界面处于运动状态。例如，对于气体在管道内流动来讲，气相的气体与固相的管壁存在相的界面，但由于该界面不是处于运动状态，故不能称它们为两相流；对于气力运输或液力运输来讲，气体与固体颗粒或液体与固体颗粒之间存在相的界面，且该界面在运输过程中处于运动状态，故称这种气力运输为气固两相流，称液力运输为液固两相流。

因此，多相流就是存在运动界面的多种不同相组成的混合流动。

二、多相流体的分类

按照相与相之间的组合方式不同，多相流体可以分为：气液两相流、液液两相流、气固两相流、液固两相流和三相流等。

1. 气液两相流

气液两相流的主要形式有气泡流、栓塞流、液滴流等。其中，气泡流和栓塞流都是在连续液体中存在着运动的气泡或液泡，如图 1.6（a）所示。液滴流是指液滴在连续气体中运动的流动，如图 1.6（b）所示。

2. 液液两相流

分层自由面的流动作为液液两相流的主要形式，是指两种不同液体之间存在着明显分界面的非混合流体的流动，如图 1.6（c）所示。

3. 气固两相流

粒子负载流动、气力输送和流化床等是气固两相流的主要形式。其中，粒子负载流动是指离散的固体粒子在连续气体中的流动，如图 1.6（d）所示；流化床是指当空气自下而上地穿过固体颗粒随意填充状态的料层，而气流速度达到或超过颗粒的临界流化速度时，料层中颗粒呈上下翻腾，并有部分颗粒被气流夹带出料层的状态，如图 1.6（e）所示。

4. 液固两相流

生活中主要涉及液固两相流的有：泥浆流、水力输运和沉降运动等。其中，泥浆流是指在液体中的大量颗粒输运；水力输运是指在连续流体中密布着固体颗粒的流体运动，如图 1.6（d）所示；沉降运动是指颗粒物质在液体中沉积的过程，随着颗粒的不断沉积，液体中会出现澄清层和沉降层的交界面，如图 1.6（f）所示。

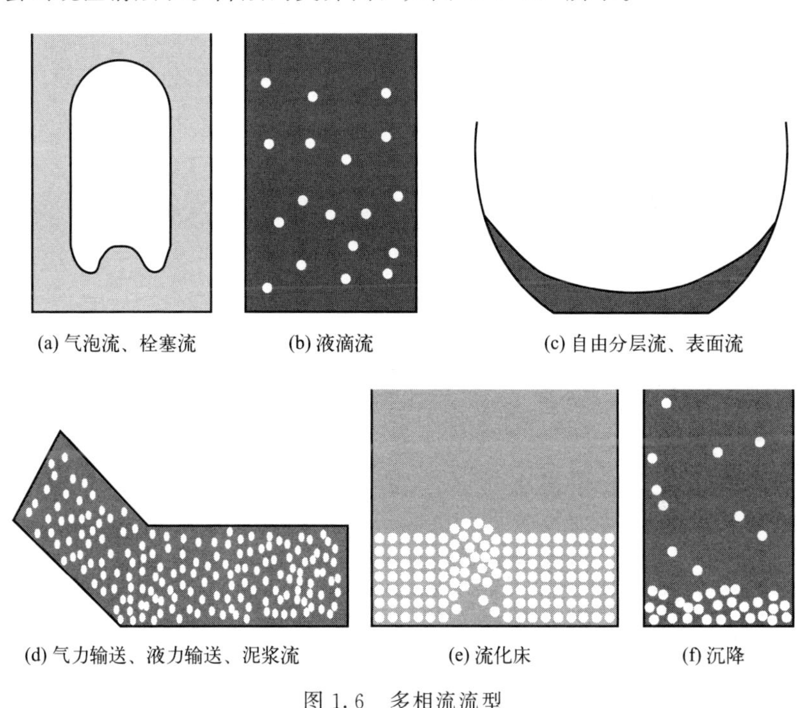

图 1.6　多相流流型

5. 三相流

三相流主要是上述各种两相流的组合。

三、射流理论

射流（jet）是流体从一定形状的孔口或喷嘴射入同一种或另一种流体的流动。射流作为流体力学中的一个研究方向，广泛应用于人们的生产生活，如水力发电、消防水枪、农田灌溉、射流纺纱织布、喷气发动机、高压水力采煤、水上气垫飞机、人工喷泉以及射流切割等。

（1）根据射流机理划分，射流可分为自由射流、半限制射流、限制射流和旋转射流。通常把流体经喷嘴流入静止流体中且不受任何限制的流动称为自由射流。其中，自由射流又包括淹没自由射流和非淹没自由射流。旋转射流是在自由射流的基础上增加了切向速度的复合流动，其主要特性包括：存在一个回流区、沿程速度衰减快、射流中心有很强大的卷吸力。

（2）根据流动的状态划分，射流可分为层流射流和紊动射流。其中，紊动射流也称湍流射流，一般包括初始段、过渡段和主体段三个运动阶段。

（3）根据射流继续运动和扩散时所依赖的驱动力进行划分，射流可分为动量射流、浮羽射流和浮射流。动量射流是依靠喷射时初始动量来维持运动的射流，其运动过程主要靠初始动量决定；浮羽射流是指射流在继续运动中靠浮力扩散和运动的射流，其中，浮力主要是由于密度差或温度差引起的；浮射流是在动量与浮力两种驱动力作用下运动的射流。

四、复合射流灭火技术定义

复合射流灭火技术是指将两种或两种以上灭火剂以三相自由紊动射流的方式喷射到燃烧区使燃烧终止的灭火技术。

从多相流的角度来看，复合射流灭火技术中包含若干种多相流动，其多相流的种类取决于灭火剂及其动力的选择情况。需要说明的是，复合射流灭火技术指的不是多相流动的全过程均为复合射流，从复合射流在管内运输、经过喷嘴释放喷射、到达火焰峰附近，整个过程可以分为不同的阶段，其中某一阶段或某些阶段包含复合射流即可划归到复合射流灭火技术的范畴。例如，管内流动阶段可包含气固两相流，在喷嘴处与液相流体混合后，演变为气液固三相流，随着射程的增加，动力气体逐渐散失，演变为液固两相流。

从射流理论的角度来看，复合射流灭火技术中管内气固两相流在喷口处射入另一相流体时，相当于两相流射入同向流动的另一种环境介质，符合射流理论中复合射流的定义。因此，从射流理论的角度，该射流属于复合自由紊动射流，也可称为三相复合自由紊动射流。

本书讨论的复合射流灭火技术的全过程是由高压氮气瓶中的氮气经减压后进入超细干粉罐，在干粉罐内达到额定压力后，氮气-超细干粉两相流自干粉罐输送至炮口，另一路微胞囊类灭火剂经比例混合器配比后，水溶液由水泵输送至炮口，二者在同心环形炮口处混合成复合射流，由液相射流作为主动力输送至燃烧区实现灭火。其多相流动过程主要包括以下四个阶段：管内的高压氮气与超细干粉灭火剂的气固两相流动；炮口处气固两相流与液相流的混合过程；管外的氮气流从复合射流分离的过程；管外超细干粉与液相射流流体两相流的分离过程。

当前，复合射流中选取的干粉灭火剂，由特殊加工的固体粉末所构成，其中，90％固体颗粒的粒径小于或等于 15μm，是一种可与泡沫或水系灭火剂联用的憎水型超细干粉灭火剂。从干粉的各项数据上来看，大多数类型的超细干粉灭火剂其有效的临界粒径大小均为 20μm 左右，当粒径大小降低至 7μm 以下时，此时干粉中较小的固体颗粒便与气体灭火剂的特性相类似，可以绕过障碍物弥散在灭火区域，不会受到物体的阻挡，并能长时间漂浮于火灾现场，灭火时可达到全淹没的效果。对于复合射流中泡沫或水系灭火剂的选取，需要保证在与憎水型超细干粉相互兼容的前提下，同时具备快速灭火的能力。

五、复合射流灭火技术研究现状

复合射流灭火技术是一项高效的灭火技术，其能够将多种不同相的灭火剂联用进行灭火，目前，关于该技术的发展主要涵盖复合射流用高效灭火剂、多种灭火剂联用性能、多相流理论、复合射流消防车的开发与应用等。

1. 复合射流用高效灭火剂

对于高效灭火剂的研究，特别是干粉的物化特性，有着明确的规定与要求，尤其是斥水性、吸湿率、含水率、热重性质等。关于斥水性的解释说明，吴颐伦等人利用实验的办法解释了斥水性的成因，主要原因为这类灭火剂的外层有一层不通透的薄膜，因而可以有效地阻止水的进入。对于吸湿率而言，周文英等人从理论上解释了吸湿率这一内容，灭火剂吸湿的特性与基料的吸湿特性有所联系。对于含水率的解释说明，吴颐伦等人利用实验进行了解释，主要原因为干粉灭火剂在除湿干燥的过程中，首先是表面水分蒸发的过程，其次是干粉内部水分扩散转移的过程，此过程中干粉表层水分含量愈发降低，表层逐渐变厚。王戈等人对国内外超细干粉的应用进行了总结，分析了今后发展的总体趋势，指出了超细干粉灭火剂的喷射装备与平台的运用及研究。

国外对于灭火剂的选取与灭火机理的研究较早，主要研究灭火剂的理化性质。其中，有关干粉灭火剂的灭火机理，国外的研究人员较早地提出了吸热降温的灭火原因，由于在微观层次上无法合理地解释，这一理论还未受到学术界的一致认可。但是，国外对于灭火剂的研究是较为超前的，无论是新型的干粉灭火剂、泡沫灭火剂还是水系灭火剂，性能与各项指标都较为突出，对于我国复合射流技术中灭火剂的选取具有一定的指导意义。

2. 多种灭火剂联用性能

两相射流技术在消防领域中应用已经较为广泛，主要包括气液两相流灭火技术与气固两相流灭火技术。其中，气液两相流灭火技术的应用主要包括：由压缩气体与泡沫按照一定的比例进行混合后喷射灭火的压缩空气泡沫系统、由高速气体射流冲击水射流后喷射灭火的高压细水雾系统；气固两相流灭火技术的应用主要包括：在惰性气体如氮气或二氧化碳驱动作用下喷放粉体灭火的干粉灭火系统及超细干粉灭火系统，冷热气溶胶灭火系统等。

高效灭火剂联用的研究方面，在徐晓楠教授编著的《灭火剂与应用》与李进兴教授编著的《消防技术装备》等书中，对多种灭火剂联用进行了解释与说明。程刚对复合射流的操作运用进行了理论研究分析，为多种灭火剂的联用奠定了一定的理论基础。王红革对关于复合射流的灭火原理进行了解释说明，并指出了复合射流消防车的相关信息与未来的实际运用。邵大财等人解释了多种灭火剂联用的适用条件与灭火效果，并对干粉与泡沫联用的可行性从理论层面进行了解释。李玉等人通过实验，分析对比了氟蛋白与水成膜两款泡沫灭火剂在复合射流协同喷射灭火时的灭火效果。李业福、刘璐、郭建伟等人分别对复合灭火剂联用进行了解释分析，并结合实际案例对这一联用可行性进行了解释说明。崔杰针对该复合联用系统的用途以及操作进行了说明。

国外对于多相流喷射效果的研究多集中在基础理论方面。其中，多相射流喷射的相关基础理论由两相流或多相流喷射的基本理论构成，两相流多出现在核工业与石油化工中，多相流多在管道中常见。早在一个世纪以前，国外就已经进行了气液混合流的相关研究与分析，也就此提出了关于多相流流体的模型，但相关的研究内容并未涵盖到消防的具体应用上。

3. 复合射流灭火技术应用

由明光浩淼安防科技股份公司发明设计的干粉-水联用的三相流消防车主要是利用压缩气体爆发时的动能，将“气体-水系灭火剂-超细干粉灭火剂”以混合射流的方式射出，超细干粉灭火剂从水或泡沫灭火剂中分离出来，形成了超细干粉的气溶胶，对火焰进行笼罩，将其抑制并熄灭，这种多相射流灭火技术不仅发挥了水系灭火剂和干粉灭火剂各自的灭火效能，同时也发挥了二者的复合灭火效能，显著提高了控火能力和灭火效率。

北京航空航天大学杨立军等人利用两相流细水雾灭火器为载体，将改性后的干粉灭火剂与水进行混合，将其注入到灭火器中，用高压气体向灭火器充装压力，在灭火时，“水-气-粉”的三相混合物在高压气体作用下喷出进行灭火。赵文等人设计并制造了一款复合射流消防车，可把多种灭火剂协同进行喷射。万寅等人设计并制造了一款举高复合射流喷射消防车，可在高空协同喷射多种灭火剂。

4. 喷嘴技术的研究

不同相的流体要形成多相射流，需要通过喷射器即喷嘴来实现，喷嘴作为整个系统的关键部位，其结构的设计影响了系统的灭火效果。目前，喷嘴既有在各种燃烧设备如工业炉、热能动力装置及民用燃烧设备方面的应用，也有在如清洗、喷涂、冷却、防火、加湿、除尘、润滑、气体调节、粉料制取、农业园林以及日常生活等非燃烧设备方面的应用。对于不同用途喷嘴的结构设计与优化，人们已做了大量工作。国外的芬兰 Marioff、丹麦 Semco、德国 FOGTEC 和美国

Spraying Systems 等公司等都致力于多种组合式喷嘴的研究。国内侯凌云等人系统介绍了目前使用中的各类喷嘴的工作原理、结构性能特点、设计方法及应用经验，根据工作介质（简称工质）不同将喷嘴分为气态燃料喷嘴、液态工质机械雾化喷嘴、液固两态工质空气雾化喷嘴等类型，并给出了150种喷嘴结构或方案，为喷头设计方面提供了一定的技术指导；章明川等人研究了Y形喷嘴内部气液两相流体的流动过程，运用空气动力破碎理论对喷嘴出口处的液膜雾化进行分析，并针对Y形喷嘴建立了一套喷嘴设计公式；刘萍等人运用计算流体力学的方法研究了喷头的结构对射流特性的影响，对喷头的结构设计与优化具有一定的指导意义；徐方等人在详细介绍气泡雾化喷头设计过程的基础上，通过进行冷喷试验研究分析了改变气泡雾化喷头的内部结构对其流量特性带来的影响，一方面有利于喷头的设计，另一方面也为喷头的测试提供了方法；马昕霞等人利用多喷嘴的气液喷射器对气液两相喷射过程进行了研究，对喷射器内部混合室的压力分布规律进行分析，探讨了气相流和液相流的混合过程。这些前人的研究成果为本文多相射流喷头的设计与研究提供了很好的理论支撑与技术指导。

六、复合射流灭火技术需解决的技术问题

总的来说，国内外对于复合射流装备喷射与灭火效果影响因素的研究鲜有报道，主要研究方向依然为灭火剂的灭火机理，这为复合射流技术装备的研究提供了理论参考，今后关于复合射流装备相关的喷射与灭火影响效果的研究内容指日可待。

复合射流在消防领域的应用尚处于起步阶段，各项理论支撑与技术研究多处于空白阶段，因而在理论基础的巩固和整体技术的完善上，有着较大的研究空间。目前，复合射流灭火技术虽已有部分装备投入市场，但由于其技术含量相对较高，使用人员经验不足，应用时间短，实战应用案例缺乏等因素，使得该技术的实际应用和推广受到了很大限制。特别是针对灭火药剂的选择、灭火剂协同比例对灭火性能的影响、与传统灭火药剂的灭火效能比对和喷射装置的性能优化等方面仍然缺乏系统性理论研究。

第二章　复合射流技术的灭火机理分析与灭火药剂的选取

第一节　复合射流灭火机理分析

复合射流灭火技术的灭火机理主要包含复合灭火剂灭火机理和复合射流喷射机理两个方面。复合射流灭火技术的灭火效能是通过其所使用的灭火剂直接体现的，因此，其灭火机理也是通过所使用灭火剂的灭火机理，以及灭火剂复合使用后的互补效果来体现。目前，复合射流灭火技术选用的灭火剂为气溶胶级的憎水型超细干粉灭火剂及水系灭火剂中的微胞囊类灭火剂。

一、对抑制火焰的定性分析

国内外一些研究表明，当维持燃烧链反应所需的时间超过补充必需的热量和反应物的时间时，火焰就会因此而熄灭。通常将流动时间与化学反应时间的比值称为达姆科勒数（Damkohler number，Da），即：

$$Da=\frac{t_{流动}}{t_{反应}} \tag{2.1}$$

如果 Da 小于某一特定值时，反应物以及燃烧时所需的能量得不到及时的补充，使反应中止或终止，导致火焰熄灭。在利用灭火介质如水或其他灭火剂进行灭火时，所有灭火介质影响燃烧反应的继续或抑制火焰的参数宏观上都可以通过达姆科勒数 Da 来反映。

1. 流动时间

燃料与氧化剂之间通过对流或者扩散的方式来实现燃烧反应，如果燃料与氧化剂通过对流方式进行输运，则流动时间 $t_{流动}$ 表示为：

$$t_{流动}=\frac{l}{v} \tag{2.2}$$

式中，l 指反应区的尺度；v 指特征速度。

如果燃料与氧化剂通过扩散方式进行输运，则流动时间 $t_{流动}$ 表示为：

$$t_{流动}=\frac{l^2}{D} \tag{2.3}$$

式中，D 指某种反应物进入反应区的扩散系数。一般来说，现实生活中的火灾大部分为扩散燃烧，即燃料与氧化剂通过扩散的方式进行混合参与燃烧。因此，流动时间 $t_{流动}$ 多以公式（2.3）的形式出现。

2. 反应时间

对于固体燃料来讲，先受热分解产生可燃气体，可燃气体再进一步进行燃烧；同样，对于液体燃料来讲，液体燃料受热蒸发，产生可燃蒸汽，可燃蒸汽再进一步进行燃烧。因而，燃烧过程最终可以视为是可燃气体的燃烧，根据燃烧学知识可以将火焰中燃料的消耗速率 w 表示为：

$$w=c_{\mathrm{F}}^{n}c_{\mathrm{o}}^{m}A\exp(-E/RT) \tag{2.4}$$

式中，c_{F} 为燃料的浓度；c_{o} 为氧化剂的浓度；n 为燃料的总反应级数；m 为氧化剂的总反应级数；A 为指前因子（取决于 $Y_{\mathrm{F,o}}$ 和 $Y_{\mathrm{o_2},\infty}$）；E 为反应活化能；R 为理想气体常数。

因此，反应时间 $t_{反应}$ 可以通过燃烧反应区燃料的密度 ρ 与火焰中燃料的消耗速率 w 的比值来表示，即：

$$t_{反应}=\frac{\rho}{w}=\rho c_{\mathrm{F}}^{-n}c_{\mathrm{o}}^{-m}A^{-1}\exp(E/RT) \tag{2.5}$$

3. 达姆科勒数*Da*

根据达姆科勒数 Da 的定义，由公式（2.3）和式（2.5），可以得到 Da 为：

$$Da=\frac{t_{流动}}{t_{反应}}=(l^2/\rho D)c_{\mathrm{F}}^{n}c_{\mathrm{o}}^{m}A\exp(-E/RT) \tag{2.6}$$

对于抑制火焰燃烧来说，当达姆科勒数 Da 降低至某一特定值时，燃烧过程会因为反应时间过长，反应速度变低，而慢反应是由局部的热量损失控制，随着温度 T 的下降，反应速度进一步降低，反应生成的热量不能满足反应所需的最小能量，从而熄灭。

任何能够影响 Da 值大小的因素，都可以抑制火焰。对灭火过程进行分析时，可以从这些参数入手考虑，分析参数的变化对 Da 的影响。一般来说，灭火介质参与灭火时，灭火过程主要从隔氧窒息、吸热冷却、隔绝燃料、化学抑制（均相、异相）以及火焰拉伸等几个方面分析。其中，隔绝燃料会引起 c_F 的减小；隔绝氧气或其他氧化剂会引起 c_O 的减小；化学抑制作用能够同时改变 A 和 E；火焰受到强气流的吹熄作用时，特征速度 v 会变大，从而增加扩散系数 D 值的大小，并且降低 c_F，这时会因为火焰面中速度梯度的存在促使燃料从氧气中分离出来，抑制燃烧。

二、超细干粉灭火剂的灭火机理

超细干粉灭火剂（以下简称超细干粉）是现有复合射流灭火系统使用的主要灭火剂之一，它在系统中起到了迅速压制火势、熄灭燃烧表面火焰的作用，为水系微胞囊类灭火剂的冷却抗复燃作用创造了有利条件，因此，其灭火机理是复合射流灭火系统灭火机理的重要组成部分。

超细干粉是指 90%粒径小于或等于 20μm 的固体粉末灭火剂，具有流动性好、抗复燃、弥散性和电绝缘性等特点，其粒子的比表面积大，吸附自由基的能力较普通干粉强，在进行火灾扑救过程中，主要从物理方面的隔氧窒息与化学方面的抑制自由基、中断连锁反应等对火焰进行抑制和熄灭。当干粉灭火剂粒径小于临界粒径时，灭火剂粒子全部起灭火作用，灭火效能大大提高，用量明显减少。当超细干粉粒径减小到 7μm 以下时，则达到了气溶胶级别，此时的超细干粉固体颗粒细小且具有气体特征，可以不受方向的限制，绕过障碍物达到保护空间的任何角落，并能在着火空间有较长的悬浮时间，从而实现全淹没灭火。由于这类灭火剂粒径较小，颗粒获得的初始动量小，需要驱动压力足够大时，粉末粒子才能到达火焰表面实现灭火。复合射流灭火技术采用的超细干粉平均粒径达到了气溶胶级别。

在灭火过程中，超细干粉灭火剂既具有化学灭火剂的作用，同时又具有物理抑制剂的特点。

1. 化学抑制作用

燃烧过程是连锁反应过程，当燃料（烃类——RH）燃烧时，发生链引发并产生的活性自由基O· 、OH· 和H· 是维持燃烧连锁反应的关键自由基，它们具有很高的能量，非常活泼，而寿命却很短，一经生成，立即引发下一步反应，生成更多的自由基，使燃烧过程得以延续且不断扩大。

$$RH+O_2 \longrightarrow H\cdot + 2O\cdot + R\cdot + (-\Delta H_1)\text{(可燃物分解)}$$

燃烧反应依靠下列两个反应放出的热量来维持：

$$O\cdot + H\cdot \longrightarrow OH\cdot + \Delta H_2$$

$$2OH\cdot \longrightarrow H_2O + O\cdot + \Delta H_3$$

此时若没有抑制链增长的活性物质存在，这种连锁反应将持续自动进行下去，直到可燃物全部燃烧。当超细干粉灭火剂喷向高温燃烧区时，灭火剂分解出活性自由基M· ，它能迅速与O· 、OH· 和H· 发生如下反应：

$$M\cdot + OH\cdot \longrightarrow MOH$$

$$M\cdot + O\cdot \longrightarrow MO\cdot$$

$$MOH + OH\cdot \longrightarrow MO\cdot + H_2O$$

$$MO\cdot + H\cdot \longrightarrow MOH$$

$$MOH + H\cdot \longrightarrow M\cdot + H_2O$$

弥漫在燃烧区的超细干粉灭火剂不断产生活性自由基M· ，可大量消耗燃烧反应所必需的H· 和OH· 基团，迫使燃烧反应减弱，直到火焰熄灭。这种终止燃烧链作用是气溶胶级别的超细干粉灭火剂灭火的主要作用。

2. 烧爆作用

在干粉灭火剂进行灭火过程中，一部分粉体颗粒在高温作用下发生爆裂，即烧爆现象，形成了许多更加细小的颗粒，使得火焰中粉末的比表面积与蒸发量急剧增加，大幅提升了干粉灭火剂吸附自由基抑制火焰的能力。实验表明，粉粒的粒径越小，烧爆作用越强烈。

3. 隔离作用

干粉粉末在释放之后，附着到燃烧物表面，在表面形成了一定厚度且能够抑制燃烧的粉末阻燃层，将燃烧物与氧气隔离，防止燃烧物进一步反应燃烧。此外，一些干粉颗粒如磷酸二氢铵，在灭火过程中生成了偏磷酸（HPO_3）和聚磷酸盐，这些生成物受热融化，在燃烧物表面形成了玻璃状的隔离层，将燃烧物与周围空气中氧气隔离开来，使燃烧得不到充分的氧气而被抑制。另外，通过喷出粒径较大的固体粉末覆盖在燃烧物表面，构成阻碍燃烧的隔离层。特别当粉末覆盖达到一定厚度时，还可以起到防止复燃的作用。

4. 冷却与窒息作用

超细干粉粉末在高温下受热分解过程属于吸热反应，能够吸收火焰的部分热量，其分解出的水同时对火焰具有冷却作用，分解出的 CO_2 等不活泼气体对燃烧过程具有惰化作用且能够稀释燃烧区的氧气浓度，起到一定的冷却与窒息作用，当然其冷却效果与水系灭火剂相比相差甚远。

三、微胞囊类灭火剂的灭火机理

微胞囊类灭火剂是一类新型的水系灭火剂，其与水混合后能降低水的表面张力，实现对燃烧物充分湿润和覆盖，在燃烧物体的液相和气相分子周围形成微胞囊，使燃烧物惰化，加强对燃烧物结构的渗透，快速降低燃烧物质内部温度，以其高分子量粒子吸收自由基的能量，抑制燃烧链式反应，从而实现灭火。在现有复合射流灭火系统中，主要起冷却降温以及抗复燃的作用。

1. 降低水的表面张力，快速冷却降温

微胞囊类灭火剂可降低水的表面张力，例如在空气界面中，10℃的水的表面张力为 74.22dyn/cm（$1dyn/cm=10^{-3}N/m$），而同样温度同样界面下，加入微胞囊类灭火剂的水溶液，其表面张力最低可降低至 18dyn/cm。表面张力的降低使凝聚的水滴分散成数量巨大的细小水珠，增大了水的比表面积（图 2.1），从而扩大了蒸发面积，能够快速地降低燃烧物质表面和内部的热量，同时使水扩展得更快，加强了水对燃料表面孔隙的渗透能力，起到了润湿剂的作用。此种灭火

机制使得该类灭火剂具有快速降温的性能，并可渗透到燃料内部，降低其内部温度，使其抗复燃的性能得到了很大提高。

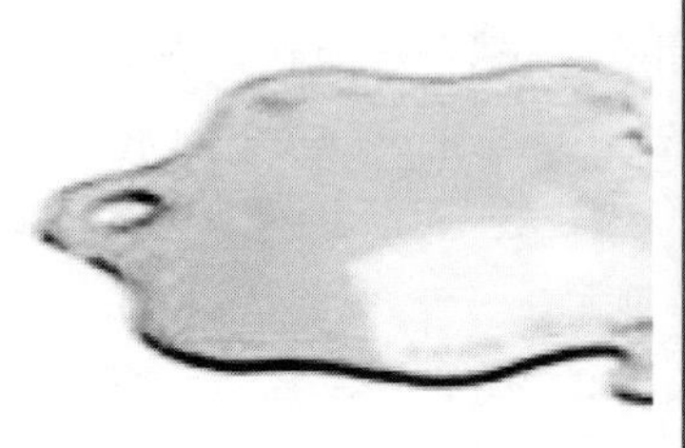

(a) 加入微胞囊类灭火剂之前

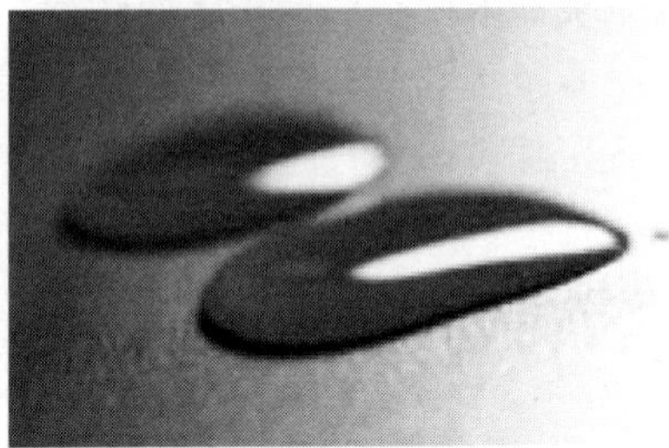

(b)加入微胞囊类灭火剂之后

图 2.1　加入微胞囊原液前后的水滴表面张力

2. 微胞囊结构的形成

微胞囊类灭火剂形成的微胞囊结构是其区别于其他灭火剂的最大特点。微胞囊类灭火剂分子是一种两亲性表面活性剂分子，它具有一个极性端（亲水）和一个非极性端（疏水），并且两端之间有足够长的距离，因而这两端可以相互独立地行动。溶于水时，灭火剂分子将水滴包围，非极性端外露，当接触到热量时，可将热量传入水滴内部，见图 2.2（a）。在遇到燃烧产生的气相或液相的燃料时，非极性端将围绕燃料元素，使水滴聚集在燃料元素（对液相、气相燃料均有效）周围形成微胞，见图 2.2（b）。微胞由于其表面负电荷互相排斥，使得燃料元素之间互相排斥。独特的分子结构使该类灭火剂具有

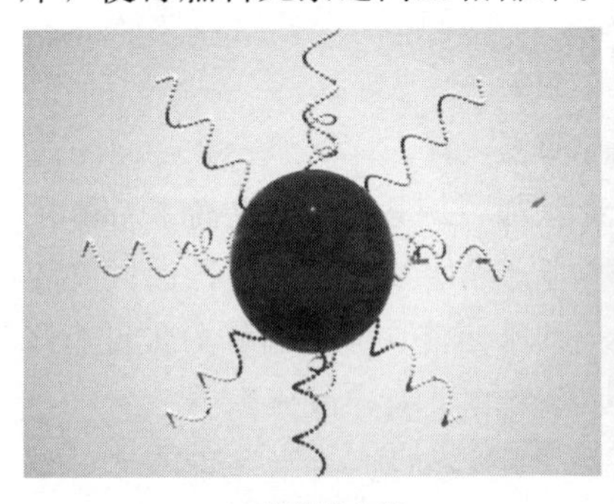

(a) 微胞囊水滴

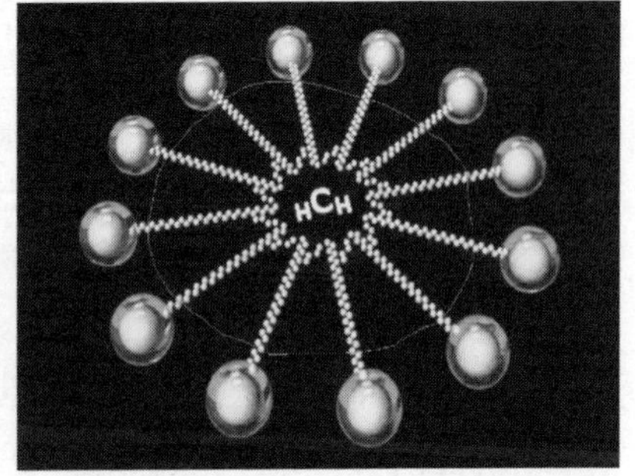

(b) F-500分子在燃料元素周围形成微胞

图 2.2　微胞囊类灭火剂形成的微胞囊结构

迅速降低燃烧物温度及空间热辐射、防止复燃、降低燃烧区燃料元素浓度、控制危险气体浓度等性能。

3. 破坏碳链，吸收自由基

物体燃烧产生黑色有毒浓烟是因为含碳物质没有燃烧尽，空气中充满大量碳粒和灰尘，而自由基的结合也是形成烟雾的重要因素之一。微胞囊类灭火剂可以破坏碳粒之间的连接，将碳粒、碳氢化合物分离成更小的微粒，并将微粒通过微胞囊结构进行包裹，将碳氢化合物乳化、沉降，使之不再散发到空气中，防止生成黑烟，剩下的只是水蒸发时形成的白色水雾，大大降低了有害气体的浓度。另外，由于该类灭火剂分子的高分子量，可以吸收大量自由基，有效抑制链式反应的发生和高能量自由基的结合。因此，微胞囊类灭火剂可以较大程度地提高火灾现场的能见度，且降低烟雾中有毒物质的浓度。

4. 在物体表面形成泡沫与乳膜，隔绝助燃剂

微胞囊类灭火剂属于水系灭火剂，无需发泡，但灭火剂与水融合后，撞击物体表面时可在其表面立刻形成一层泡沫。该泡沫层的密度很大，因此不易遭外力破坏，紧紧覆盖物体表面，同时，泡沫层下还会形成一层乳膜，从而彻底隔绝助燃剂对燃烧元素的作用，阻止了燃料的继续燃烧。

四、复合灭火剂协同灭火机理

复合射流灭火剂协同灭火过程时，可从以下几个方面影响灭火效果。

1. 提高火焰峰附近粉体的相对浓度

在粉体释放过程中，由于外围水幕作用，减少了粉体向外的逸散，将大量粉体局限在连续的水幕范围内，一定程度上提高了粉体在局部空间内的相对浓度，使到达火焰峰时粉体粒子数目增多，火焰峰区域的粉体相对浓度增大，参与化学抑制反应的粉体更多，有利于充分发挥超细粉体的灭火作用。

2. 快速隔氧

由于水幕提供了一个相对封闭的局部空间，在灭火过程中，环形水幕靠近火焰处的部分水溶液受热汽化，产生大量水蒸气占据燃烧区，加上油盘火不断产生烟气，以及持续不断释放的粉体，使得在灭火过程中，环形水幕的局部空间里始终保持正压，有效阻止新鲜空气进入燃烧区，并在短时间内降低燃烧区氧浓度，致使可燃物得不到及时的氧补充，降低了其蒸发强度，使火焰中的混合物贫化，降低燃烧反应区的温度，有利于防止燃烧物复燃。

3. 冷却降温

复合灭火剂协同灭火时形成外圈水幕层，在火焰热作用下被加热或汽化蒸发，吸收燃烧反应区产生的大量热量，从而降低了燃烧反应区火焰的温度。

4. 阻隔热辐射

水系灭火剂具有较强的吸收热辐射能力，环形水幕可以形成高效的局部吸热屏障，一方面，阻隔水幕外的热源对水幕内可燃物的热辐射，一定程度上抑制火焰燃烧；另一方面，阻隔了火焰对周围环境的热辐射，降低了水幕外的可燃物的热辐射作用强度。

当被保护的场所发生火灾时，复合射流灭火系统以微胞囊灭火剂水溶液为连续相载体，裹挟氮气流为初始动力的超细干粉，在射流到达燃烧区后，超细干粉从液相流体分离析出，实现超细干粉远距离喷射，超细干粉接触火焰时，细微的干粉颗粒与燃烧物起化学反应，捕捉活性自由基，将火焰从其根部切断与燃烧层的联系，从而中断燃烧的连锁反应。与此同时，微胞囊灭火剂水溶液通过其冷却降温、乳化隔绝等作用，迅速降低燃烧区温度，并使燃烧物与空气隔绝，阻止可燃蒸气升腾，有效地防止燃烧物复燃。综上所述，复合射流灭火技术是充分发挥气溶胶型超细干粉灭火剂和微胞囊水系灭火剂的灭火效能，通过抑制自由基、冷却降温、乳化隔绝、淹没窒息等灭火作用，达到快速灭火效果。

第二节　复合射流的分离过程

复合射流技术的关键在于复合射流将两种高效灭火剂从炮口喷射至燃烧区的过程中，由于复合射流灭火系统的炮口采用同心环形炮口，氮气-超细干粉流与液相流体在炮口混合时呈同心环形，超细干粉子系统的气固两相流射入液相射流，相当于气固两相流射入了同向运动的液相环境介质，这种在同向流动介质中的射流称为复合射流。三相复合射流的分离过程主要包括氮气流与主流体的分离过程，超细干粉与液相流体的分离过程。

一、氮气流与主流体的分离过程

由于液相流体作为复合射流的连续相主流体，可将氮气流的分离过程看作气液两相流的分离过程。气液两相流的分离主要是由于重力分离所引起的。

重力分离的本质上是利用两相密度差来实现分离的，即由于液体与气体的密度不同，气液两相流在一起流动时，液体会受到重力的作用，产生一个向下的速度，而气体受力所产生的速度方向不同于液体，也就是说液体与气体在重力场中有分离的倾向，因而产生分离。例如，管内气液两相流作水平流动时，若流速较低，则会呈现分层流的流型，这实质上就是一种重力分离。氮气流从复合射流中分离主要有以下几种形式：

1. 流线发生改变

氮气流与液相主流体由于所受重力不同，因此，其流线也不同。氮气流所受到的气体浮力较大，气相流体与液相流体在相界上存在摩擦力，且浮力和摩擦力的方向均垂直向上，当氮气流的动能不足以克服向上的浮力与摩擦力时，其流线将会上扬，从而与液相主流体流线脱离，氮气与主流体分离散失。另外，由于气体与液体密度不同，所受惯性力也不同，因此，在燃烧区遇到火焰阻挡时，气流会折流而走，而液体由于惯性，会有一个继续向前的速度。

2. 气泡溢出

由于氮气流在炮口处与液相主流体混合时，其出口速度不同，受力大小不同等因素，氮气流在充实气流卷吸、扩散的过程中与液相流形成大量气泡，当气泡在液相流中上升到液体表面时，气泡破裂，氮气逸出。

3. 液相充实水柱分散

氮气流在液相主流体充实水柱逐渐分散的过程中与外界气相空间相接触，脱离主流体分离。

氮气流分离的速度与其在炮口的初速度、液相主流体的初速度成反比。

二、超细干粉与液相流体的分离过程

复合射流灭火系统中起主要灭火作用的是超细干粉，因此，超细干粉的析出过程直接影响了整个系统的灭火效果。现对超细干粉从复合射流中分离的机理与原因进行分析。

1. 紊动射流的涡结构、卷吸与扩散作用

复合射流由炮口喷出后，射入静止环境中的流体与其周围空气之间存在着速度间断面，此速度间断面是不稳定的，一旦受到扰动将失去稳定而产生旋涡。这些旋涡通过分裂、变形、卷吸和合并等物理过程，除形成大量的随机运动小尺度紊动涡体外，还存在一部分有序的大尺度涡结构，即射流剪切层中的大涡拟序结构（图 2.3）。这些展向涡几乎以不变的速度向下游移动，并通过涡的相互作用、合并和卷吸，使涡的尺度和涡距不断增大，从而控制着剪切层的发展，导致射流断面沿程扩大、流速沿程减小。由于射流断面的扩大，射流在涡结构、卷吸与扩散的共同作用下，与空气充分接触，超细干粉由于所受浮力、相界摩擦力、重力、涡结构离心力与液相流体的不同，导致其与液相流体分离。

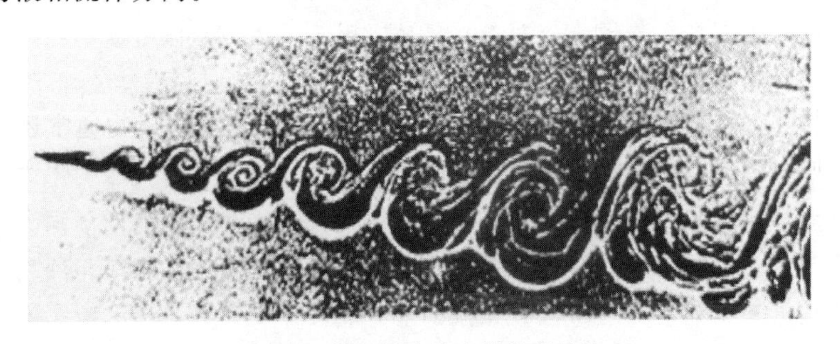

图 2.3　剪切层中的大涡拟序结构

2. 惯性碰撞

在多相射流将要到达燃烧区附近时，大部分氮气流已经与主流体分离，可将此时的多相流当作固液两相流，在固液两相流到达燃烧区遇到阻挡（火焰、液面、罐壁等）时，由于流动方向发生急剧变化，部分超细干粉颗粒将受到惯性力的作用而使其运动轨迹偏离液相流体的流线，保持自身的惯性运动，与液相流体分离。

3. 接触阻留

细小的干粉颗粒随固液两相流流动时，如果流线靠近物体（燃烧区的烟雾、火焰、液面等）表面，部分超细干粉颗粒会因与物体（颗粒）接触而被阻留，这种现象称为接触阻留。

4. 气化分散

固液两相射流到达燃烧区，由于部分液相流体被燃烧区高温蒸发，超细干粉固体颗粒从液相中分离。另外，固液两相流在到达燃烧区附近时，充实水柱开始解体，在充实水柱解体的过程中，大量憎水的超细干粉从两相流中分离出来。

第三节　复合射流灭火剂的选取

现有复合射流灭火系统选取气溶胶级别的憎水型超细干粉以及水系灭火剂中的微胞囊类灭火剂复合使用，主要基于以下几点原因：

（1）气溶胶级别的超细干粉抑制有焰燃烧的速度是现有灭火剂中最为理想的灭火剂之一，但是其自身的降温冷却效果相对较弱，因而其抗复燃效果较差，复燃危险增大，在猛烈燃烧阶段的火灾条件下，干粉扑灭后的燃烧区经过 20～30s 后往往发生复燃，可燃物通常还会以原有的强度重新燃烧。另外，一些深层燃烧或燃烧物内部的阴燃很难被扑灭，而微胞囊类灭火剂除了灭火速度相比同类灭火剂有较大优势之外，最重要的是其出色的冷却降温效果，以及深层渗透的能力，使其抗复燃效果大大提高，二者优劣势互补，相辅相成，从而实现了与卤代烷灭火剂相似的灭火效果。

（2）从火灾类型上看，超细干粉的适用范围很广，不仅适用于固体火灾（A 类火灾），甲、乙、丙类液体火灾（B 类火灾），可燃气体火灾（C 类火灾），带电设备火灾（E 类火灾），对金属火灾（D 类火灾）也有较好的抑制作用。而微胞囊类灭火剂除了对 A、B 类火灾有较好的灭火效果之外，也能有效地扑灭金属火灾，如果与超细干粉灭火剂配合，消灭金属火灾的速度将大大提高。另外，微胞囊类灭火剂对于海绵、纸张、纤维织物和胶乳橡胶等阴燃火灾有着优于其他类型灭火剂的灭火效果，对于可燃有毒气体的沉降和稀释作用使得复合射流灭火技术对化工火灾经常伴有的可燃或有毒气体泄漏情况有着较好的处置效果。因此，二者的复合使用使得复合射流灭火技术的适用范围非常广泛，基本涵盖了所有的火灾类型，具有广谱灭火效应。

（3）超细干粉在使用过程中，有效射程较短是掣肘其在移动灭火设备上灭火效果的主要原因之一，由于超细粉粒径小，单靠高压气体作为驱动力，其射程一般不超过 15m，而微胞囊类灭火剂属于水系灭火剂，使用普通消防炮其射程即可达到 50m 以上，因此，复合射流灭火技术使超细干粉在高压氮气驱动力消失后，借助液相射流作为载体，可将其射程提高到 50m 以上，实现了超细干粉的远距离喷射。值得注意的是，由于要与液相射流混合，对超细干粉灭火剂的斥水性是有严格要求的。

一、超细干粉灭火剂性能分析

由于复合射流灭火系统的多相流动过程涉及固相的超细干粉与液相灭火剂混合，因此，对于超细干粉的斥水性有着严格要求。目前，国内市场上的超细干粉灭火剂大多是以磷酸铵盐为基材的普通 ABC 干粉加工而成，其斥水性差，如使用此类超细干粉灭火剂则导致超细干粉与液相灭火剂混合后，到达燃烧区后无法分离，因而无法发挥超细干粉灭火剂的灭火效果。因此，复合射流灭火系统中超细干粉灭火剂的选取，憎水是其必须满足的前提条件。HLK 超细干粉是目前国内市场为数不多的憎水型超细干粉之一。

1. HLK 超细干粉

HLK 超细干粉灭火剂是以聚磷酸铵（ammonium polyphosphate，App）为基体材料，辅以多种辅助组分的复合型灭火剂，其中多种辅助组分均为疏水性惰性材料，在高温下不分解，是实际上的无毒（LD_{50} > 10g/kg，LD_{50} 为半数致死剂量）的环保型灭火剂。其平均粒径为 7μm（可根据需要定制），达到了气溶胶级别，因此其主要灭火方式是燃烧区封闭空间全淹没灭火，或室外空间的局部淹没。

2. HLK 超细干粉热分解机理

由于 HLK 超细干粉的辅助组分均为疏水性惰性材料，在高温下不分解，因此，在讨论 HLK 超细干粉灭火剂的热分解机理及其产物时，只需要考虑 App 的热分解历程及其分解产物即可。

（1）App 的化学结构　App 系磷酸铵的聚合体，其分子通式为 $(NH_4)_{n+2}P_nO_{3n+1}$，结构式如下：

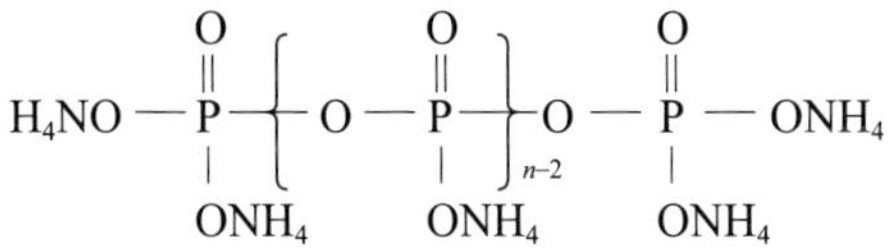

$$H_4NO-\overset{\overset{\displaystyle O}{\|}}{\underset{\underset{\displaystyle ONH_4}{|}}{P}}-\left[O-\overset{\overset{\displaystyle O}{\|}}{\underset{\underset{\displaystyle ONH_4}{|}}{P}}\right]_{n-2}O-\overset{\overset{\displaystyle O}{\|}}{\underset{\underset{\displaystyle ONH_4}{|}}{P}}-ONH_4$$

分子结构中括号外两个基团 $H_4NO-\overset{\overset{\displaystyle O}{\|}}{\underset{\underset{\displaystyle ONH_4}{|}}{P}}-$ 和 $-\overset{\overset{\displaystyle O}{\|}}{\underset{\underset{\displaystyle ONH_4}{|}}{P}}-ONH_4$ 为端基，

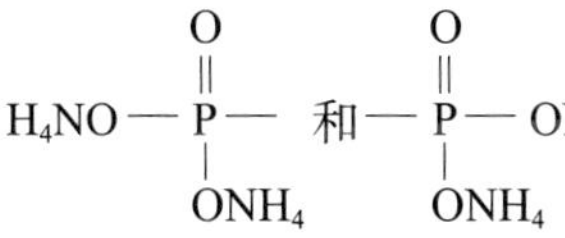

中间部分 $\left[O-\overset{\overset{\displaystyle O}{\|}}{\underset{\underset{\displaystyle ONH_4}{|}}{P}}\right]_{n-2}$ 为残基，n 为平均聚合度。

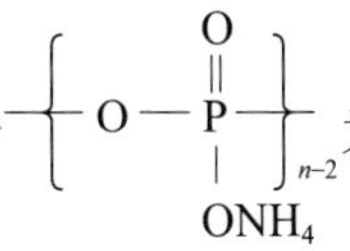

App 的聚合度对灭火剂是一项至关重要的技术参数。App 按其聚合度大小，可分为低聚、中聚和高聚三种，其聚合度越高水溶性越小，反之则水溶性越大。按其结构可以分为结晶形和无定形，结晶态聚磷酸铵为长链状水不溶性盐。通常，当 $n=10\sim20$ 时为水溶性 App，当 $n>20$ 时为水不溶性 App。HLK 超细干粉灭火剂所使用的 App 要求 n 值在 50～1000 之间。

（2）App 的热分解历程　意大利阻燃材料专家 Camino G 在研究 App 膨胀型阻燃剂及其阻燃材料实验中，对 App 进行了详细的热重分析（TGA）（图 2.4）和差示扫描量热分析（DSC）（图 2.5）。发现 App 的热分解呈三个阶段进行：260～420℃、420～500℃和 500～

680℃，它们的失重率分别为13%、4%和78%。App的失重率代表着其参与燃烧反应的充分程度。由上述数据可知，超细干粉主要成分在500～680℃这一阶段参与燃烧反应最充分，因此，扩大超细干粉颗粒与火焰的接触面积、加速颗粒的升温过程，是超细干粉灭火性能的关键。

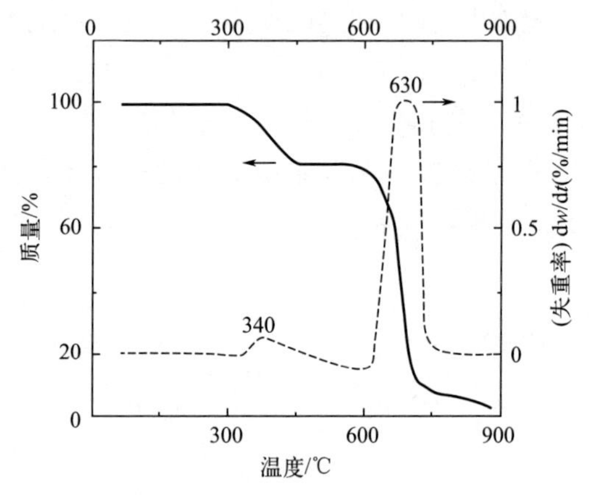

图 2.4 App 的 TGA

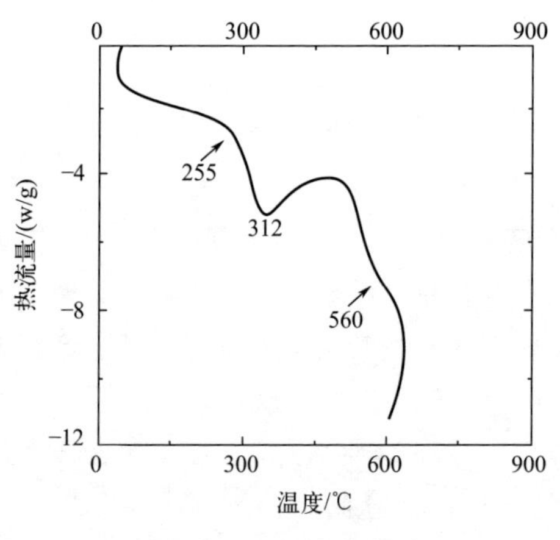

图 2.5 App 的 DSC

从DSC测量得知，App有三个分解吸热峰。255℃的吸热峰表示App吸热分解为磷酸铵和氨气，312℃的肩峰表示App继续吸热分解为氨气、磷酸和水，560℃的肩峰表示 App 进一步吸热分解为磷的氧化物。

（3）App 的热分解产物分析：Camino G 等同时还对逸出气体进行了分析，从分析结果得知，App 在第一阶段失重步骤中主要是逸出 NH_3。在这一步骤中（失重 9.5%）消除的氨量相当于 App 中总含氮量的 50%，逸出的氨来自 NH_4^+。在 200℃以上呈现释出水的宽峰；在 260℃左右有一个肩峰，在约 480℃处有一个最大值峰，它们相当于 App 失重第一阶段（260～420℃）和第二阶段（420～500℃）。在这两个阶段中释出水分总量为 9.7%，这表明氨与水的摩尔比为 2。基于此提出如下分解机理：

$$\begin{array}{c} O \\ \| \\ -O-P-O- \\ | \\ ONH_4 \\ ONH_4 \\ | \\ -O-P-O- \\ \| \\ O \\ \text{App} \end{array} \xrightarrow[-2NH_3]{\triangle} \begin{array}{c} O \\ \| \\ -O-P-O- \\ | \\ OH \\ OH \\ | \\ -O-P-O- \\ \| \\ O \\ \end{array} \xrightarrow[-H_2O]{\triangle} \begin{array}{c} O \\ \| \\ -O-P-O- \\ | \\ O \\ | \\ -O-P-O- \\ \| \\ O \\ \text{交联物} \end{array}$$

App 完全分解为 P_2O_5 时，反应形成更多水分（约 8%），同时使被燃物失氢而形成焦质层，阻止可燃物继续燃烧。

综上所述，App 在一定温度下分解，分解产物为氨和水及交联结构的磷-氧固体物。不会产生任何其他有毒产物，属环保产品。

（4）HLK 超细干粉优势性能分析

① 粒径小，用量少，灭火效率高。超细干粉单位灭火剂灭火效能与灭火剂粒子粒径密切相关。当灭火剂粒径减小到 7μm 甚至更小时，灭火效能急剧上升，灭火效能是常规灭火剂的几十倍，用量也仅为其百分之几。主要原因是：超细粉体比表面积大，活性高，易形成均匀分散、悬浮于空气中相对稳定的气溶胶，受热时分解速度快，捕获自由基能力强，故灭火效能急剧提高。目前，国内市场上大多数超细干粉灭火剂的粒径在 10～20μm 之间，HLK 超细干粉的平均粒径达到了 7μm，基本达到了气溶胶级别，另外，经国家固定灭火系统

和耐火构件质量监督检验中心检验，该超细粉的灭火浓度为 $60g/m^3$，单位溶剂灭火效率是哈龙灭火剂的 2～3 倍，是普通干粉灭火剂的 6～10 倍，是七氟丙烷灭火剂的 10 倍以上，是二氧化碳灭火剂的 15 倍，因此，其灭火效率相对较高。

② 可实现全淹没灭火。HLK 超细干粉灭火剂由于粒径小、质量轻、流动性好，其悬浮时间较其他超细干粉延长，且具有趋热性，除此之外，HLK 超细干粉中使用的粉体虽然主要是小粒径的超细干粉，但同时也按照一定比例掺杂着一些粒径较大的“大粒子”。喷射装置启动时喷射出的气粉混合流中，大小粒子间存在着相互作用。高速流动的气体受到较大粒子的阻挡，流线发生变化，会在较大粒子的运动方向端产生涡流区，涡流夹带着小粒子运动具有很大的动量，它们受局部气象条件的影响不明显，减少了散失量。因此能实现室内全淹没灭火和室外局部淹没灭火。

③ 具有抑爆作用。HLK 超细干粉灭火剂有强烈的中断燃烧链式反应的作用，当以抑爆浓度射入可燃性气体中并形成气溶胶时，即可抑制爆炸和爆轰的发生。其抑爆作用主要是通过与爆炸物争夺游离基，以及产物中的 P_2O_5 在固体粉尘表面形成隔绝空气的薄膜来实现的。实验表明，超细干粉灭火剂在汽油蒸汽中形成大于 $200g/m^3$ 浓度的气溶胶时，即可抑制汽油蒸汽的爆炸。

④ 不溶于水，且无团聚现象。复合射流灭火系统之所以选择 HLK 超细干粉，主要还是由于其斥水性较强，可以与水系灭火剂复合使用，不会出现“和泥”的现象。斥水性的好坏与超细干粉的粒度有较大关系，起到斥水作用的主要是粒径较小的干粉。另外，由于其本身的基料为高聚磷酸铵（$n=50\sim1000$）不溶于水，且辅料均为疏水材料，因此，保证了 HLK 超细干粉不溶于水，且无团聚现象（如图 2.6）。

二、微胞囊类灭火剂性能分析

1. 微胞囊类灭火剂

复合射流灭火系统的设计宗旨是为了快速控制和彻底消灭火灾，超细干粉灭火剂的选择是为了尽可能地提高对火灾的控制和消灭速

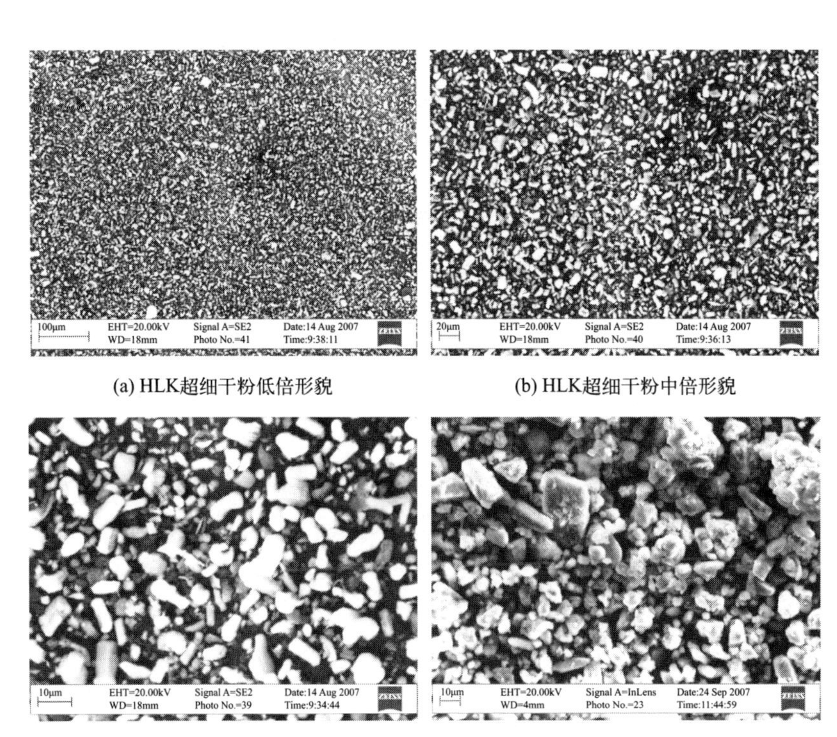

(a) HLK超细干粉低倍形貌

(b) HLK超细干粉中倍形貌

(c) HLK超细干粉高倍形貌

(d) 磷酸铵盐超细干粉团聚现象

图 2.6　HLK 超细干粉与磷酸铵盐超细干粉电镜下形态

度，但由于其抗复燃能力较差，利用移动设备喷射时的射程相对较短，因而需要一种既可以彻底解决火灾复燃危险，又可以增加其射程的灭火剂与其配合。微胞囊类灭火剂均为水媒灭火剂，可与水以任意比例配比，快速扑救 A、B、D 三类火灾，是具有迅速灭火、快速降温、高效隔热、防止复燃、控制危险气体、清除有害浓烟等多种功能的环保型灭火剂。目前，国内外市场上的该类灭火剂主要有美国危险控制技术公司（Hazard Control Technologies，Inc）的产品 F-500 多功能灭火剂和美国 F. S. P 公司（Fire Service Plus）研制的 FireAde2000 多功能灭火剂，以及山东环绿康新材料科技有限公司的 KFR100 抗复燃灭火剂。

2. 微胞囊类灭火剂的性能分析

在火灾的扑救过程中，高温、浓烟和复燃是火场侦察、火场救人和迅速灭火的最大障碍。微胞囊类灭火剂的快速降低辐射热、清除有毒烟雾增大能见度、防止复燃等性能使得复合射流灭火系统灭火剂之间的优势互补得到了充分的发挥。

（1）快速降温　由于微胞囊类灭火剂特殊的分子结构，使得微胞囊类灭火剂的水滴类似一个插满针的“针垫”。当水滴遇到热源时，非极性端可将周围热量迅速传至水滴内部的极性端，一旦热量被传入分子的极性端，极性端加热水滴内部使其迅速气化，蒸气与周围的水分子冷凝成新的水滴，这种气液状态的循环往复，快速吸收大量热量，不但利用了水滴的外部表面，还利用了水滴的内部容量。加之灭火剂降低了水的表面张力，使得水滴原本就极微小，因此，该类灭火剂可以迅速降低周围温度。以 F-500 为例，实验表明，该灭火剂可在使用后 1s 之内将辐射热从 625℃降到 52℃。其快速降低辐射热的能力使得复合射流灭火系统可以更加接近火场，喷出的灭火剂可以准确覆盖燃烧区域，减少散失。

（2）清除有毒烟雾，增大能见度　由于此类灭火剂可形成微胞囊的特性，在遇到未充分燃烧的有毒烟雾时，微胞囊类灭火剂的水溶液可在燃料元素周围形成微胞，将其沉降。以 FireAde2000 为例，测试表明，在室内环境中，A 类火灾浓烟初始平均浓度为 94%，以普通灭火器具喷射 3%浓度配比的 FireAde2000 水溶液 30s，烟的浓度迅速降到了 52%，不仅大大提高了火场的能见度，而且将气体中有毒物质的浓度降低了 90%以上。该类灭火剂的此项特性使得复合射流灭火系统的使用更加安全，且在很大程度上可降低人员的伤亡，而能见度的增大可使得前沿阵地的推进速度更快，缩短灭火救援战斗的持续时间，减少财产损失。

（3）阻燃隔热、防止复燃　含有微胞囊类灭火剂的水溶液表面张力极低，可形成更加细密的水珠，使水滴接触燃烧表面后可迅速渗透充满燃烧物内部原本充满空气的细小微孔，使得物体内部的潜伏热能得以释放，迅速减少了燃烧物表面和内部的热量，使物体温度迅速降低，从而杜绝了燃烧物内部残留热量的死灰复燃。在对微胞囊类灭火剂的阻燃隔热效果进行测试时，在长方形草垛的中间喷洒覆盖 FireAde2000 灭火剂，草垛两端用汽油覆盖，点燃草垛，覆盖有

FireAde2000 的中间部分一直未发生燃烧，且温度始终保持在手可以深入触摸的温度。复合射流灭火系统所选用的超细干粉灭火剂在防复燃效果和降温效果上相对较弱，微胞囊类灭火剂的此项性能优势恰好弥补了超细干粉的缺点，因而使得复合射流灭火系统的灭火作用能贯穿灭火过程的始终。

（4）气体的控制　微胞囊类灭火剂的微胞囊包裹方式不仅适用于清除有毒烟雾，对于部分易燃易爆或有毒气体也有较好的包裹作用，阻止了易燃易爆气体的蒸发和扩散，即消除了燃烧和爆炸的基本元素，使得 LEL（爆炸下限）降到安全水平。以 F-500 为例，测试中，废旧汽油密封在容器中，挥发的气体已经充满整个容器。测量的初始蒸气浓度为 98%。将 3%浓度的 F-500 溶液对容器喷洒稀释 30s，爆炸浓度下限已经降到 1%。该类灭火剂的此项性能与 HLK 超细干粉的抑爆作用相互配合，强化了复合射流灭火系统在危险气体泄漏控制中的作用。

第三章　复合射流灭火剂协同灭火实验研究

灭火战斗的根本是灭火剂与燃烧物质之间的较量，灭火剂的灭火速度快于反应物燃烧速度则燃烧处于劣势，火势能尽快得到控制，反之，火势将失去控制。新型灭火剂的研发一直是国内外消防领域研究的热点、重点和难点，而复合射流正是将传统灭火剂的灭火性能取长补短，形成更加具有灭火优势的复合灭火剂。由于全尺寸油罐火灾的灭火实验受很多方面因素的限制，实验实施比较困难，因此以油盘火进行小规模的模拟实验是有必要的。本章以柴油油盘火为实验对象，对灭火剂复合射流中灭火剂的组合类型、喷射方式以及复合灭火剂的配比进行复合射流灭火实验研究。研究结果能够进一步指导复合灭火剂及复合灭火系统的开发和应用，为石油化工火灾中灭火剂联用提供理论支撑和技术指导。

第一节　复合射流灭火实验设计

一、实验设计原理

1. 火源的选取

根据实验参考《干粉灭火剂》（GB 4066—2017）B类灭火标准试验方法，以及《泡沫灭火剂》（GB 15308—2006）中的灭火实验设备，结合实际灭火实验条件，本实验选取了圆形钢质油盘来模拟油罐灭火实验。实验中采用的油盘直径为150cm、壁厚为2.5mm、檐高15cm，选择0#柴油作为燃料，实验时油盘中注入水垫层5cm，油层厚 1cm，并用 500mL。93＃汽油引燃。加入水垫层的作用一方面是为了减少油品燃烧过程中高温对油盘的损坏，另一方面是为了提供水平面便于油品在油盘里均匀分布，进而减小因油盘摆放不平或油盘底部不平造成火焰燃烧不稳定，温度分布不均匀等影响。

2. 实验方案设计

本实验主要通过小尺寸油盘火对复合灭火剂组合类型、复合射流喷射方式以及复合灭火剂喷射强度配比关系对复合射流灭火效能的影响进行实验研究，具体的实验方案设计如图 3.1 所示。

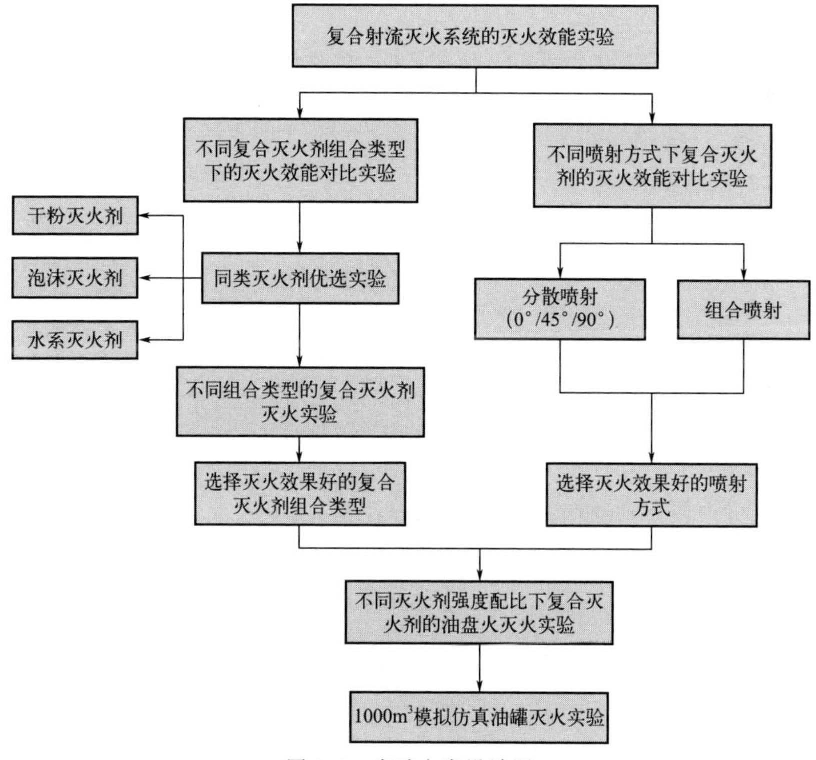

图 3.1　实验方案设计图

二、实验药剂的选取

复合射流灭火技术的灭火剂选取是以尽可能缩短灭火时间，提高抗复燃性能为主要目的，以对环境友好为基本原则。为了便于实验结果及数据的推广和应用，本文选用了目前消防队伍在扑救石油化工类火灾中常用的泡沫灭火剂、干粉灭火剂和水系灭火剂来组成复合灭火剂进行复合射流灭火实验。

1. 干粉灭火剂的选取

干粉灭火剂按照粒径大小可分为普通干粉灭火剂和超细干粉灭火剂，普通干粉灭火剂按干粉使用范围主要分为BC干粉、ABC干粉、D类干粉和超细干粉，这也是目前市场上常见的、消防队伍常用的干粉灭火剂。表3.1为几种队伍常用的干粉灭火剂的灭火组分、灭火特点及联用性能。

表3.1 几种常用干粉灭火剂

灭火剂种类	灭火特点	灭火剂联用性能
BC类： 碳酸氢钠干粉灭火剂 碳酸氢钾干粉灭火剂 氯化钾干粉灭火剂 硫酸钾干粉灭火剂 mommex （$KC_2N_2H_3O_3$） 干粉灭火剂 防复燃干粉灭火剂	可以有效地扑BC类火灾中的有焰燃烧，灭火迅速，有电绝缘性能，一般不抗复燃	干粉灭火剂可与泡沫灭火剂、水系灭火剂联用灭火，但是一般分开喷射，以减少干粉灭火剂对泡沫灭火剂的消泡作用，也减少干粉的损失；在复合射流同时喷射复合灭火剂时，需要选择憎水性能强的干粉灭火剂，泡沫灭火剂需要选择含有表面活性剂的抗干粉破坏的泡沫灭火剂
ABC类： 磷酸铵盐干粉灭火剂	除一般的化学抑制外，ABC干粉还可在灭火时在燃烧物表面形成一个玻璃状覆盖层，可隔绝空气，窒息燃烧	
D类： 氯化钠干粉灭火剂 碳酸氢钠干粉灭火剂 石墨干粉灭火剂	其灭火机理以化学反应为主，钝化金属表面，在与烷基类物质发生反应生成结壳物，加上粉末沉降后覆盖可有效防止复燃，对扑救三乙基铝、正丁基锂等具有极强的灭火能力	
超细干粉灭火剂	超细干粉颗粒的比表面积大，且粒径分布均匀，活性高，粉末对自由基的吸附能力强，高温下反应速度快，能够更快更多地捕捉燃烧连锁反应中的活泼自由基，并且能够在燃烧区域形成相对稳定的冷气溶胶并长时间悬浮在空气中，灭火效率高	

在综合考虑灭火效果、成本及灭火剂使用范围的基础上，选取了消防队伍扑救油品火灾时常用的ABC干粉灭火剂（主要组分为磷酸二氢铵）和ABC超细干粉灭火剂。此外，由于使用复合射流灭火系统组合喷射复合灭火剂时要充分考虑干粉的斥水性能，因此本节还选择了一种憎水性超细干粉灭火剂——HLK憎水性ABC超细干粉灭火剂。

目前，国内市场上比较常用的超细干粉灭火剂多是以磷酸铵盐为基料，由斥水性较差的普通ABC干粉灭火剂加工而成，在复合射流灭火系统中使用时可能会影响超细干粉灭火剂灭火效能的发挥。HLK超细干粉灭火剂是由山东环绿康公司最新研发生产的一种新型超细干粉灭火剂，是目前国内市场具有较好憎水性能的超细干粉灭火剂之一，如图3.2所示。

图3.2 HLK憎水性ABC超细干粉灭火剂

2. 泡沫灭火剂的选取

本节主要是针对柴油油盘火的灭火实验研究，实验选取了普通蛋白泡沫灭火剂、氟蛋白泡沫灭火剂以及水成膜泡沫灭火剂，这也是目前我国消防队伍扑救油品火灾常用的泡沫灭火剂种类。表3.2对几类常用泡沫灭火剂的主要成分、适用范围以及与干粉灭火剂的联用性进行了介绍。

从表3.2可以看出，虽然普通蛋白泡沫、氟蛋白泡沫和水成膜泡沫都可以用于扑救B类火灾，但是只有表面添加活性剂的氟蛋白泡沫和水成膜泡沫具有抗消泡作用，可以与干粉灭火剂联用。

表 3.2 常用泡沫灭火剂

类别	主要成分	适用范围
普通蛋白泡沫	水解蛋白、稳定剂、抗冻剂、防腐剂、盐类添加剂	A类、B类火灾 不能与干粉灭火剂联用
氟蛋白泡沫	氟碳表面活性剂、碳氢表面活性剂、其他添加剂（同蛋白泡沫相同）	A类、B类火灾；以液下喷射方式扑救石油储罐火灾；可与干粉灭火剂联用
水成膜泡沫	氟碳表面活性剂、碳氢表面活性剂、稳定剂、其他添加剂	A类火灾；B类火灾中的非水溶性液体火灾；可与干粉灭火剂联用

3. 水系灭火剂的选取

在复合射流灭火系统中，为了达到快速控火和灭火的效果则往往需要考虑使用干粉灭火剂，但干粉灭火剂的抗复燃能力很差，火焰被熄灭后经常发生复燃现象。因此，本节针对干粉灭火剂的这一灭火缺陷，选用了国内最新研发的一种微胞囊类灭火剂，即抗复燃灭火剂 KFR-100，以期使复合灭火剂的灭火效能达到更高水平。

本实验选用的抗复燃灭火剂 KFR-100 是由山东环绿康新材料科技有限公司研发生产的一种新型水系灭火剂，如图 3.3 所示。其属于 F-500 和法安德 2000 灭火剂的国产化，并添加了具有特殊功能的助剂，实现了多功能、高效、环保的灭火效果。

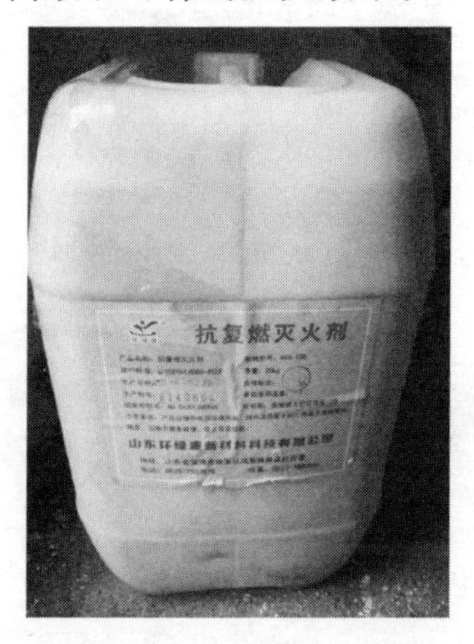

图 3.3 新型抗复燃灭火剂 KFR-100

抗复燃灭火剂 KFR-100 属于微胞囊类灭火剂，其与水混合后能降低水的表面张力，实现对燃烧物充分湿润和覆盖，在燃烧物体的液相和气相分子周围形成微胞囊，使燃烧物惰化，加强对燃烧物结构的渗透，快速降低燃烧物质内部温度，以其高分子量粒子吸收自由基的能量，抑制燃烧链式反应，从而实现灭火。目前，在现有复合射流灭火系统中，抗复燃灭火剂 KFR-100 主要起冷却降温以及抗复燃的作用。

三、实验装置的设计与组成

1. 干粉喷射系统

干粉灭火剂一般情况下需要借助干粉灭火器或灭火系统中的气体作为驱动，以粉雾的形式从灭火器或容器瓶中喷出灭火。作为复合射流灭火系统中的重要组成部分，干粉喷射系统包括氮气驱动系统、干粉储罐和干粉喷枪。

（1）氮气驱动系统　图 3.4 为实验用氮气储罐，为保证实验安全，且便于调节高压氮气瓶的气流量，在每瓶高压氮气瓶与高压管路的连接口处加装了氮气减压阀，如图 3.5 和图 3.6 所示。减压阀由两个圆盘式压力表构成，其中一个压力表显示的是氮气瓶内的压力，量程为 25MPa，最小刻度为 1MPa，另一个压力表显示的是经过减压阀减压后充入干粉罐内的氮气压力值，其量程为 2.5MPa，最小刻度为 0.1MPa。

图 3.4　实验用氮气储罐

图 3.5　气瓶减压阀

图 3.6　氮气驱动系统

为了保证实验安全，在每次打开高压氮气瓶开关前都要首先检查管路连接是否正确，接口是否漏气，干粉罐进气阀是否打开。在确保管路畅通后，打开两个氮气瓶开关，调节减压阀至 0.4MPa。

（2）干粉储罐　干粉储罐是由厚度为 5mm 的耐压钢板制成的，由于干粉储罐要充装高压氮气，为了保证实验安全，在干粉罐上方安装了一个量程为 2.5MPa 的压力表和一个泄压阀，如图 3.7 和图 3.8 所示。压力表便于记录每次实验时干粉罐内的压力值，保证实验工况的统一性；泄压阀可在罐内压力超出罐体所能承受最大压力时及时泄压，从而保证实验安全。干粉罐入粉口开关处加装了球形阀，用来向罐内添加干粉灭火剂。此外，图 3.7 中 1 号耐压软管是进气口，连接氮气管路，其进气管的底端被设计成三根带有均匀气孔的通气管路，使罐体充气后，罐内干粉能够均匀分布，从而保证喷枪出粉均匀；2 号耐压软管是出粉口，连接干粉喷枪。实验过程中干粉罐体被放置在电子秤上，以便记录每次实验干粉灭火剂的用量。

图 3.7　干粉储罐实验用图

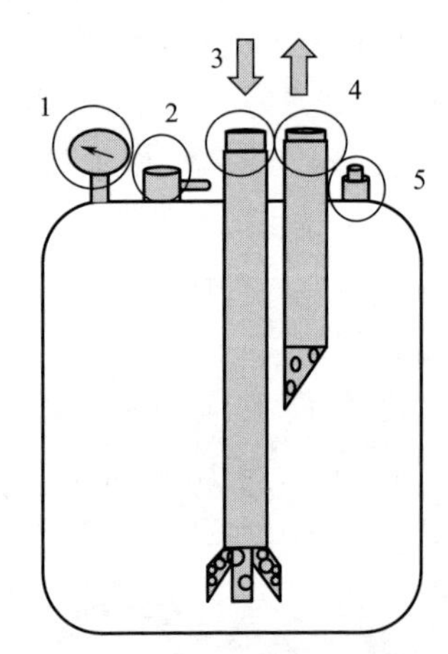

图 3.8　干粉储罐示意图

1—压力表；2—进粉口；3—进气口；4—出粉口；5—减压阀

（3）干粉喷枪　实验采用的干粉喷枪是经过设计改造的复合射流专用喷枪，它既可以在干粉灭火系统中喷射干粉灭火剂，也可在复合射流灭火系统中实现复合灭火剂的喷射。如图 3.9 所示，喷枪的中心管路喷射干粉灭火剂，由开关1控制并调节干粉流量；喷枪外圈可喷射泡沫或水系灭火剂，由开关2控制并调节灭火剂流量。除此之外，枪头处可以通过螺纹调节喷枪外圈空间大小，从而改变灭火剂的流量和射程，这样设计的目的是便于在进行复合灭火剂配比实验时调节灭火剂流量。

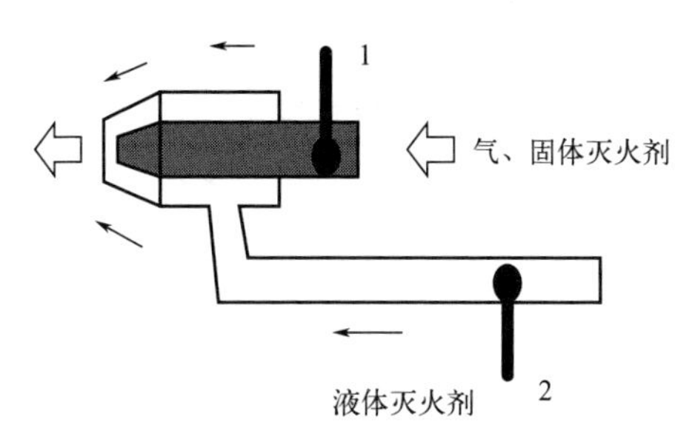

图 3.9　复合射流专用喷枪示意图

在实验过程中，相同工况下的每组实验要做3次，因此为了便于记录灭火剂的喷射强度，在喷枪开关处加装了刻度盘。在实验前，可通过干喷灭火剂测定每个刻度下相应的灭火强度，在实验中则可通过开关刻度盘的位置直接调节到灭火剂预定的喷射强度进行灭火实验。

2. 水系灭火剂喷射系统

水系灭火剂喷射系统主要靠压力水泵供水，目前消防车上的水枪也都是通过压力水泵将水喷出。实验中的水系灭火剂喷射系统由水罐、压力水泵和水枪组成。其中水罐是由厚度为5mm的钢板制成，其容积为60L，水罐放置在电子秤上，便于记录每次实验灭火剂用量。水罐的底部通过软管连接压力水泵，压力水泵的最大流量是40L/min，水枪通过耐压软管连接压力水泵，如图3.10所示。

3. 泡沫喷射系统

实验采用的泡沫储罐如图3.11所示，泡沫储罐高为1.3m，其容积为80L，罐体上方设有进气口、泡沫入口和出口。除此之外，为保证实验安全，还在泡沫储罐的泡沫出口管路上安装了一个精确度为±2.5%的圆盘式压力表，用来测量泡沫喷射时泡沫储罐的工作压力值。罐体下方设有一个排液口，以便每次实验后清洗罐体。

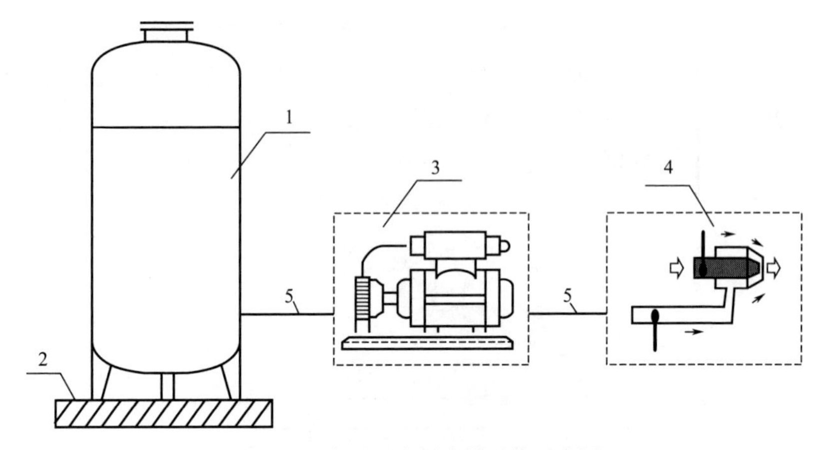

图 3.10　水系灭火剂喷射系统示意图

1—水罐；2—电子秤；3—压力水泵；4—复合射流专用喷枪；5—连接软管

图 3.11　泡沫储罐实物图

1—罐体；2—泡沫进口；3—压力表；4—进气口；5—泡沫出口；6—排液口

4. 复合射流灭火系统

复合射流灭火系统可以实现复合灭火剂两种喷射方式，即分散喷射和组合喷射。它们的区别是，采用分散喷射复合灭火剂时使用泡沫、干粉和水系灭火剂灭火系统上原有的喷枪，而采用组合喷射复合灭火剂时则采用复合射流专用喷枪——同心环形炮口喷枪。

图 3.12 为复合射流灭火系统的实物图。当采用同心环形炮口喷枪同时喷射复合灭火剂时，高压氮气瓶中的氮气经过减压后进入干粉灭火剂储罐内，待干粉储罐内的压力达到额定压力后，氮气与超细干粉灭火剂气固两相流自干粉储罐输送至喷射炮口中心处。与此同时，另一路的水系灭火剂经比例混合器配比后，由水泵将水溶液输送至喷射炮口外圈。至此，气、液、固三种灭火剂在同心环形炮口的喷射口混合成复合射流，并以液相射流作为驱动力将多类灭火剂输送至燃烧区域灭火。

图 3.12　复合射流灭火系统实物图

四、实验数据采集系统及测量方法

1. 灭火剂喷射强度的测量

灭火剂喷射强度是指单位时间内灭火剂所用剂量。本文灭火实验中用到多种类型的灭火剂，在每次灭火实验后使用电子秤测量并记录灭火剂的质量损失，使用实验秒表和摄像机记录每次的灭火时间，最后通过计算得到灭火剂的喷射强度。

2. 油层温度的测量

为便于对比灭火剂冷却降温性能和抗复燃性能的优劣，本实验采用 K 型铠装热电偶和拓普瑞-TP700 多路温度采集仪对实验过程中油层温度的变化进行全程监测和记录，如图 3.13 和图 3.14 所示，其中，K 型热电偶的温度使用范围为 0～1300℃。将 K 型热电偶的数据信号线连接到拓普瑞-TP700多路温度采集仪上，通过计算机可以直接读取温度数据。

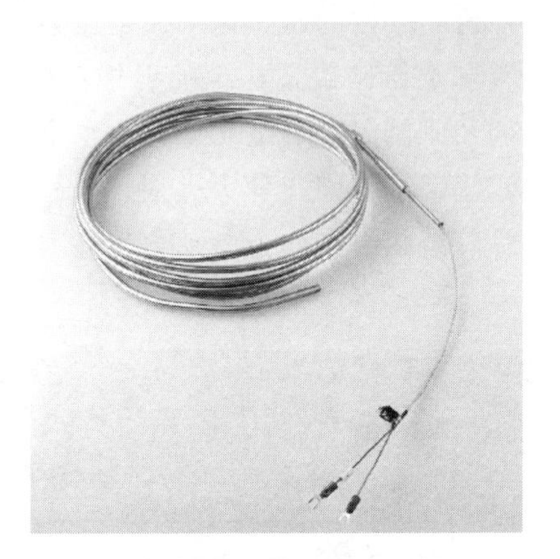

图3.13 K型铠装热电偶

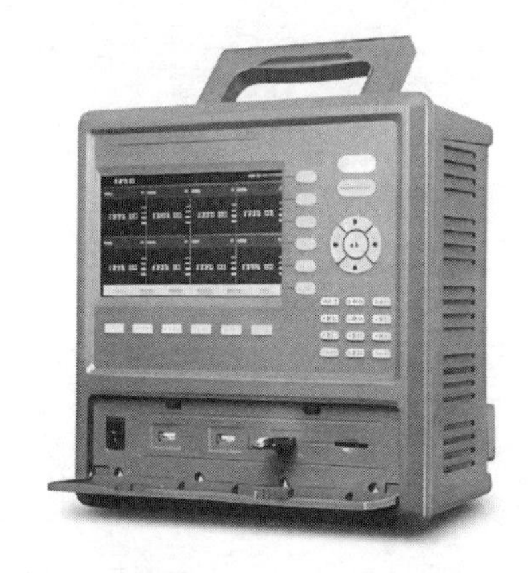

图3.14 拓普瑞-TP700多路温度采集仪

3. 油盘干壁温度的测量

实验利用油盘干壁温度来对比分析灭火剂的冷却降温效果，如图3.15所示，在圆形油盘上均匀设置3根K型铠装热电偶，在灭火实验中对油盘干壁温度进行全程监测和记录。

4. 灭火时间的测量

实验过程中，利用秒表记录燃料预燃时间、灭火剂喷射时间、灭火时间及复燃时间，并用数码摄像装置对火焰的发展及熄灭全程拍摄，以便更好地研究与分析灭火剂的灭火特点。

5. 抗复燃效果的评定

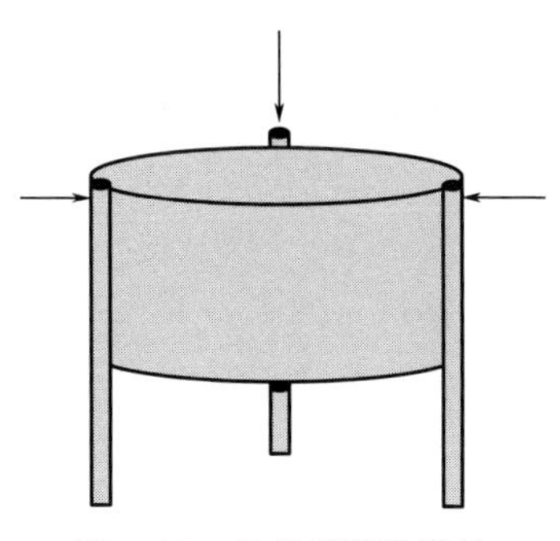
图 3.15 油盘干壁温度的测量热电偶布置示意图

抗复燃效果是评价灭火剂灭火性能好坏的一项重要指标，防止火灾复燃也是消防队伍扑救火灾的最后一项任务。一般情况下，在火灾扑灭后消防员会继续喷水冷却火场温度，不仅浪费水资源，也增加了灾后清理工作量。灭火剂抗复燃性能好则意味着灭火剂对燃料的冷却降温效果好，本实验中通过在火焰扑灭后将点燃的木棒放置油面上进行引燃，并记录油面复燃时间来观察灭火剂的抗复燃效果。

第二节 复合射流灭火实验及结果分析

复合灭火剂组合类型、喷射方式及复合灭火剂剂量配比等是影响复合射流灭火效能的关键因素，通过实验优化确定上述影响因素的技术参数是提升复合射流灭火效能的主要手段。本节中的灭火实验均在室外进行，由于室外环境因素对实验影响较大，因此每次实验前都先用风速仪及温度计测量室外风速和温度，使每次实验均在室外风速不大于 3.0m/s，温度在 20～30℃的环境中进行。

一、不同灭火剂组合类型下的复合射流灭火实验研究

目前，市面上常见的灭火剂主要有水、二氧化碳、干粉、泡沫和卤代烷灭火剂。对于石油化工火灾，水可以用来对石油储罐外壁进行冷却降温，但不能用来灭火，否则将会增加石油储罐火灾发生沸溢和喷溅的风险；干粉灭火剂可以用来扑救油品火灾，干粉能够在油面上方快速弥散迅速捕捉自由基，同时稀释火焰周围的氧气浓度，达到快速控火，但是其抗复燃能力差，几乎无冷却作用，易发生回燃现象；

泡沫灭火剂是扑救油品火灾的主要力量，泡沫可在油面上快速铺展堆积形成泡沫覆盖层，不但可以隔绝氧气，还可以降低油面温度，具有很好的抗复燃能力，但是其缺陷是在大规模火灾的高温和强热辐射作用下易消泡。因此，如果能够通过复合射流将各类灭火剂同时使用，同时发挥不同类型灭火剂的灭火优势，则可以大大提高消防队伍的灭火效率。然而，复合灭火剂并不能简单任意地将不同类型灭火剂进行组合，这是因为灭火剂的化学成分不同，复合使用可能会发生物理或化学上的相斥，灭火可能发生拮抗效应。

实验首先通过对比单一灭火剂与复合灭火剂的灭火实验结果，分析复合灭火剂的灭火优势。其次，通过对比不同灭火剂组合类型下的复合射流灭火实验结果，选出灭火效果较优的灭火剂组合类型，为进一步研究复合射流灭火剂的灭火效能提供指导。

1. 油盘干烧实验

实验为了确定室外环境下火焰由稳定燃烧到衰减、熄灭的全过程，首先进行了油盘火的干烧实验，即在直径为 150cm 的油盘内，先加入厚度为 5cm 的水，再加入 18L 0＃柴油，并加入 500mL 93＃汽油进行引燃。

实验过程中通过热电偶连接温度采集仪记录了火焰发展过程中油层温度及油盘干壁温度，热电偶布置如图 3.16 所示。

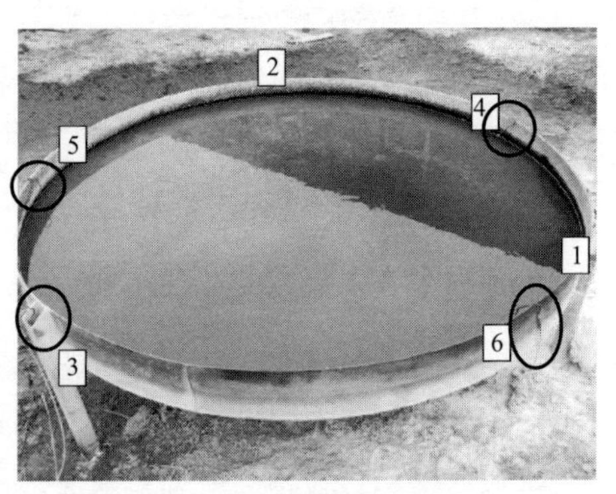

图 3.16　热电偶布置图

实验前打开摄像机并调整好拍摄角度，记录从点火到火焰熄灭的全过程，并通过数据采集系统得到油层及油盘干壁温度的变化情况。

本实验中油盘火燃烧过程如图 3.17 所示。

(a) 引燃油盘火

(b) 油盘火初期燃烧阶段

(c) 油盘火猛烈燃烧阶段

(d) 燃烧衰减阶段

(e) 油盘火后期燃烧熄灭阶段

图 3.17　油盘火燃烧过程实验图

火焰熄灭后，观察温度采集仪上显示的温度数据，待油层和油盘干壁温度降至室外温度时，收集温度采集仪中的实验数据，并在后期通过 Origin 数据处理软件生成油盘干壁的温度和油层温度变化曲线，如图 3.18 所示。

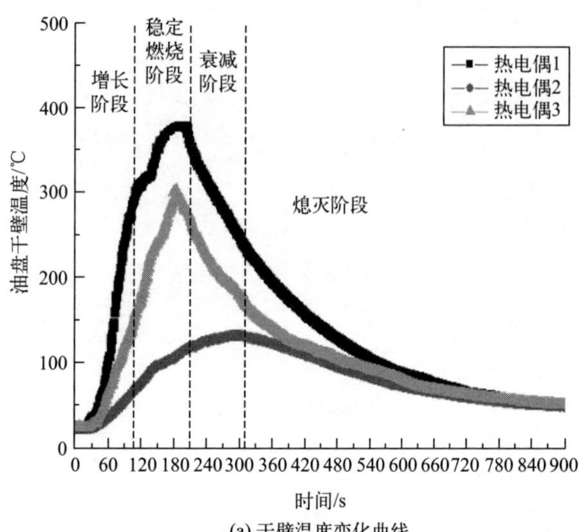

(a) 干壁温度变化曲线

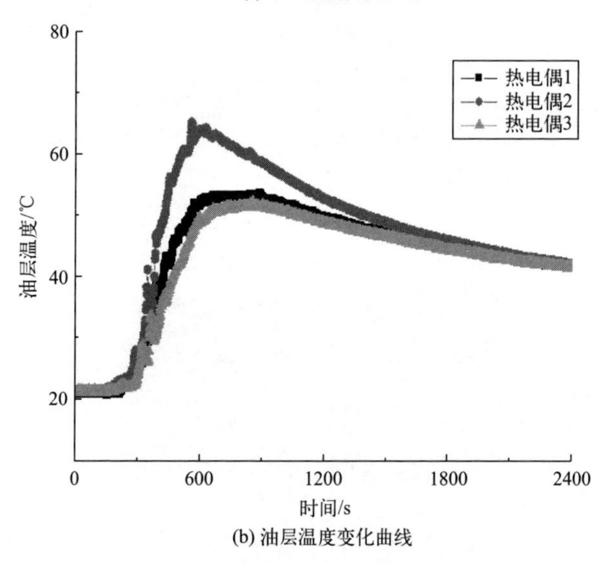

(b) 油层温度变化曲线

图 3.18　干烧实验温度变化曲线

通过实验视频资料及实验秒表计时可知，油品在燃烧 90s 左右时，火势基本进入稳定燃烧阶段，在燃烧 300s 左右，火势不断衰减并熄灭。由于油盘干壁温度的升高稍有延迟，因此油盘干壁温度变化曲线在时间上也稍有延迟，但温度曲线的变化趋势仍可以清楚地反映出燃烧过程中的各个阶段。

由干烧实验可知，火势在预燃 90s 后的 2min 内基本处于稳定燃烧阶段，因此，文中展开的各类灭火实验均在预燃 90～100s 左右开始喷射灭火剂灭火，以保证实验数据的有效性。灭火实验过程中通过数据采集系统记录和采集了实验数据，其中，预燃时间是指从点火到开始喷射灭火剂灭火的时间；灭火时间是指从开始喷射灭火剂灭火到火焰完全被熄灭的时间；油层温度降是指油层在油品预燃后开始喷射灭火剂时的温度与火焰完全被熄灭时的温度差。

2. 单一灭火剂灭火实验

（1）泡沫灭火实验　泡沫灭火剂是扑救油品火灾最常用的灭火药剂，本文在多类泡沫灭火剂中选取了油品火灾中常用的氟蛋白泡沫和水成膜泡沫灭火剂，其配比浓度均为 3%。泡沫灭火剂供给强度均为 $6L/(min \cdot m^2)$，与《低倍数泡沫灭火系统设计规范》中规定的非水溶性甲、乙、丙类液体移动设施最小泡沫混合液供给强度相同。实验利用直径为 150cm 的油盘火进行灭火实验，具体实验过程及实验数据分析如下。

实验步骤：

① 用烧杯量取水和泡沫原液，配制浓度为 3% 的泡沫混合液 40L，倒入泡沫罐中待用。

② 打开空气压缩机对泡沫储罐加压，当泡沫储罐上的压力表达到 0.7MPa 时，关闭泡沫储罐上的进气开关。

③ 在钢质圆形油盘内先后加入厚度为 5cm 的水和 18L 0＃柴油。

④ 将标准泡沫枪固定在托架上，调整泡沫枪与油盘的距离约为 1m，调试泡沫枪的喷射强度及喷射位置，使得泡沫灭火剂的喷射点恰好打在油盘中心处。

⑤ 开启录像机和温度采集仪，调整摄像机到最佳拍摄位置，并检查温度采集仪中各个通道的信号是否正确，以便记录灭火过程和实验数据。

⑥ 用烧杯在油盘中加入 500mL 93＃汽油，用点火器点火，并用秒表记录预燃时间。当预燃时间达到 90s 后，打开泡沫枪至预定的泡沫供给强度，开始灭火。

⑦ 用秒表记录泡沫枪开始灭火到火焰熄灭的时间，并在实验后期与实验录像中的灭火时间对比，确保数据的准确性。

⑧ 火焰熄灭后 1min 以内用带有明火的木棒在油面上方引燃，观察并记录油面复燃情况。

⑨ 等待实验装置冷却，记录实验数据并整理仪器设备，处理好残余油品，清洗实验油盘及泡沫储罐，以便下次实验使用。

⑩ 更换泡沫灭火剂，重复实验，记录实验数据。

为了尽量减小由于室外环境因素、人为因素及系统随机因素带来的误差，本实验在相同工况下对同类实验进行 3 次灭火实验，并将所得实验数据取平均值。图 3.19 (a)～(e)分别为灭火过程中油品预燃阶段、灭火初期阶段、灭火后期阶段及火焰熄灭后泡沫在油面上的分布图。

为便于实验后期分析灭火剂的冷却降温效果，实验利用温度采集系统采集了油盘干壁温度及油层温度的变化。以水成膜泡沫灭火剂为例，图 3.20 (a) 和 (b) 为水成膜泡沫灭火剂在灭火实验过程中测量得到的油盘干壁温度变化曲线和油层温度变化曲线。从实验录像和秒表计时得到的实验数据可知，燃料在预燃 90s 左右后开始喷射水成膜泡沫灭火剂灭火，水成膜泡沫的灭火时间为 36s。从图 3.20 (a) 可以看出，由于泡沫铺展时间及油盘干壁温度延迟的影响，油盘干壁温度变化曲线在喷射泡沫灭火后温度略有升高后开始呈现下降趋势。

单喷泡沫灭火剂的灭火实验共分为水成膜泡沫灭火实验和氟蛋白泡沫灭火实验两组，为了尽量减小人为因素、环境因素及系统随机因素带来的实验数据误差，实验在相同工况下进行了 3 次实验并取平均值，结果如表 3.3 所示。

表 3.3 单喷泡沫灭火剂的实验数据统计表

泡沫灭火剂类型	第 n 次	灭火剂用量/kg	预燃时间/s	油层最高温度/℃	灭火时间/s	灭火后是否复燃
水成膜泡沫灭火剂	1	7.2	90	43	45	否
	2	6.4	100	40	36	
	3	6.9	95	42	40	
	平均	6.8	95	42	40	

续表

泡沫灭火剂类型	第 n 次	灭火剂用量/kg	预燃时间/s	油层最高温度/℃	灭火时间/s	火火后是否复燃
氟蛋白泡沫灭火剂	1	11.9	93	47	67	否
	2	8.7	96	43	52	
	3	7.2	100	39	40	
	平均	9.3	96	43	53	

(a) 油品预燃阶段

(b) 灭火初期阶段

(c) 灭火后期阶段

(d) 火焰熄灭

(e) 灭火后油面上的氟蛋白泡沫

图 3.19 泡沫灭火实验过程图

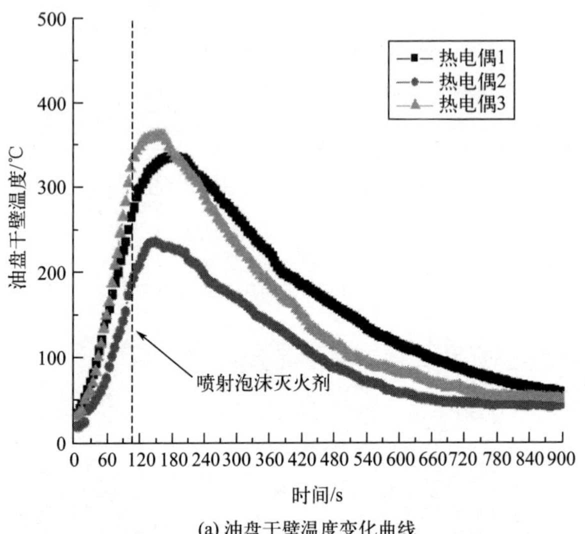

(a) 油盘干壁温度变化曲线

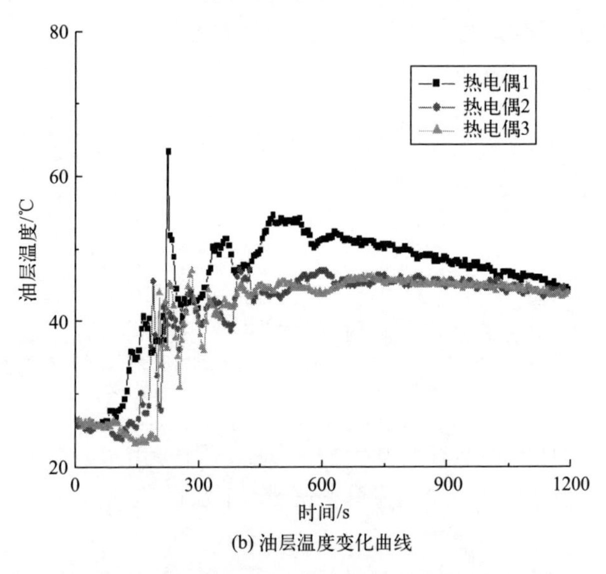

(b) 油层温度变化曲线

图 3.20 单喷水成膜泡沫灭火实验的温度变化曲线

从单喷泡沫灭火剂的实验数据可以看出，不论在泡沫用量、油层最高温度还是灭火时间上，水成膜泡沫灭火剂都要略优于氟蛋白泡沫灭火剂。

（2）KFR-100抗复燃灭火剂灭火实验　KFR-100抗复燃灭火剂不但具有良好的冷却降温效果，而且对喷射设备要求不高。实验中同样对KFR-100抗复燃灭火剂进行了油盘火的单喷灭火实验，以便与其他灭火剂的灭火效能进行对比分析，其实验过程与单喷泡沫灭火实验类似，而且KFR-100抗复燃灭火剂的配比浓度也与泡沫灭火剂的浓度（3%）保持一致。因此，单喷KFR-100抗复燃灭火剂的灭火实验具体过程此处不再赘述。

同样，为了减小实验误差，本实验在相同工况下进行了3次，并取平均值。具体实验数据见表3.4。

表3.4　单喷KFR-100抗复燃灭火剂的实验数据统计表

灭火剂类型	第n次	灭火剂用量/kg	预燃时间/s	油层最高温度/℃	灭火时间/s	灭火后是否复燃
KFR-100抗复燃灭火剂	1	7.6	104	42	43	否
	2	6.2	100	38	35	
	3	8.4	92	45	48	
	平均	7.4	99	42	42	

在实验中，KFR-100抗复燃灭火剂平均灭火用量为7.4kg，灭火平均用时42s，且灭火后3min内用明火不能再次引燃油面。

（3）干粉灭火实验　在扑救油品火灾中，干粉灭火剂能够在油面上方快速弥散并迅速捕捉自由基，同时稀释火焰周围的氧气浓度，达到快速灭火的效果。本文选取了ABC干粉灭火剂、普通ABC超细干粉灭火剂和HLK憎水性超细干粉灭火剂进行对比实验研究。干粉灭火剂的供给强度均为0.06kg/(s·m^2)，干粉的驱动压力为0.4MPa，具体实验过程及实验结果分析如下。

实验步骤：

① 打开电子秤，通过干粉储罐的入粉口填装10kg的干粉灭火剂，关闭入粉口，并记录电子秤的读数；

② 连接氮气驱动系统，通过干粉储罐、充气管路与两个氮气储罐上的耐压软管将接口连接，反复检查管路正确连接后，打开两个氮

气瓶阀门，调节氮气瓶的减压阀使氮气瓶和干粉储罐上的压力均为 0.4MPa；

③ 在圆形钢质油盘内，先后加入厚度为 5cm 的水和 18L 0＃柴油，并加入 500mL 93＃汽油；

④ 开启录像机和温度采集仪，调整摄像机到最佳拍摄位置，并检查温度采集仪中各个通道的信号是否正确，以便记录灭火过程和实验数据；

⑤ 灭火人员着战斗服，做好防护措施后站在距油盘 2m 处准备灭火。

实验步骤⑥～⑩与单喷泡沫灭火实验类似，此处不再赘述。单喷干粉灭火剂的灭火实验数据如表 3.5 所示。

表 3.5 单喷干粉灭火剂的实验数据统计表

干粉灭火剂类型	第 n 次	干粉用量/kg	预燃时间/s	油层最高温度/℃	灭火时间/s	灭火后是否复燃
ABC 干粉灭火剂	1		90	75	灭火失败	
	2		102	79		
	3		95	82		
	平均		96	79		
普通 ABC 超细干粉灭火剂	1	11	94	69	102	否
	2	13.4	100	78	128	否
	3	12.4	92	76	116	是
	平均	12.3	95	74	115	
HLK 憎水性超细干粉灭火剂	1	7.2	100	70	62	否
	2	8.2	106	75	63	否
	3	7.3	94	68	55	否
	平均	7.6	100	71	60	

由表 3.5 可知，在相同工况下，ABC 干粉灭火剂无法扑灭油盘火，而普通 ABC 超细干粉灭火剂与 HLK 憎水性超细干粉灭火剂可

以将火焰扑灭，两种超细干粉灭火剂平均灭火用时分别为115s和60s。由于超细干粉颗粒比普通干粉颗粒的比表面积大、活性高，且高温下反应速度快，能够更快更多地捕捉燃烧连锁反应中的活泼自由基，超细干粉颗粒喷射到燃烧区域后能够形成相对稳定的冷气溶胶并长时间悬浮在空气中，稀释了油面上层的氧气浓度，因此，超细干粉灭火剂能够有效控火，且不易复燃。此外，通过对比灭火时间和灭火剂用量的实验数据可知，添加了疏水性惰性组分的超细干粉灭火剂的灭火效果明显优于普通超细干粉灭火剂。

在实验过程中还发现，ABC干粉颗粒在与火焰接触后将在油面上反应生成一层具有一定厚度的玻璃层状物，如图3.21所示，致密的隔离层可以有效地阻挡油蒸汽与空气的接触，可以很好地起到防火层的作用，使火焰熄灭。

图3.21　玻璃层状物

需要说明的是，由于干粉灭火剂灭火速度快，实验为便于比较三种干粉灭火剂的灭火效果，有意将干粉灭火剂的喷射强度调小，因此在实验中单喷干粉灭火实验中未能体现出干粉灭火剂能够快速灭火的优势。

3. 复合灭火剂灭火实验

从单一灭火剂灭火实验结果可知，传统灭火剂中的各类灭火剂都具有各自独特的灭火优势，但也同时存在各自的缺陷，比如泡沫灭火剂具有受环境因素影响小、迅速降温、有效抗复燃的灭火优势，但受泡沫的流动性及火焰对泡沫的消泡作用的影响，泡沫灭火剂并不能快速控火和灭火，而干粉灭火剂快速灭火的优势刚好能弥补泡沫灭火剂的这一灭火缺陷，如果能够将它们复合射流，形成优势互补，则一定可以大大提高灭火剂的灭火效能。

在综合考虑灭火剂之间的联用性及实验条件后，最终选取HLK憎水性超细干粉灭火剂、水成膜泡沫灭火剂、氟蛋白泡沫灭火剂和KFR-100抗复燃水系灭火剂。在灭火过程中，超细干粉灭火剂能够在油面上方快速弥散迅速捕捉自由基，同时稀释火焰周围的氧气浓度，达到快速控火的效果；泡沫灭火剂可在油面上快速铺展堆积形成泡沫覆盖层，不但可以隔绝氧气，还可以降低油面温度；而KFR-100抗复燃水系灭火剂凭借其独特的抗复燃能力，能够使油层迅速降温，从而减少油蒸汽的挥发，直接破坏燃烧三要素使火焰熄灭。将以上三种灭火剂分别组合进行复合射流灭火实验，并通过对比分析灭火实验中灭火时间、抗复燃能力等因素研究复合灭火剂灭火效能的发挥。

复合灭火剂的灭火实验分为两类，即泡沫/干粉灭火剂复合射流灭火实验和干粉/水系灭火剂复合射流灭火实验，其中泡沫/干粉灭火剂复合射流灭火实验又包括水成膜泡沫/HLK憎水性超细干粉灭火剂和氟蛋白泡沫/HLK憎水性超细干粉灭火剂两组。

复合射流灭火实验的实验步骤与灭火剂单喷灭火实验步骤相似，实验中各灭火系统的喷枪均并排一致摆放，同时喷射多类灭火剂灭火。例如，在干粉/水系灭火剂复合灭火实验中，在各灭火系统完成准备工作后，将干粉喷枪与水枪平行摆放在同一位置备用。当油品预燃时间达到90s左右后，同时打开水枪和干粉喷枪，将开关快速调节至预定的灭火剂供给强度后开始灭火。图3.22为HLK憎水性超细干粉灭火剂与KFR-100抗复燃灭火剂复合射流灭火实验图。

图3.22　复合射流灭火实验图

不同灭火剂组合类型下的复合射流灭火实验数据如表3.6所示。

表 3.6 不同灭火剂组合类型的复合射流灭火实验数据汇总表

复合灭火剂组合类型	灭火剂喷射强度 kg/(s·m²)	预燃时间/s	灭火时间/s	是否复燃
水成膜泡沫灭火剂+憎水性超细干粉灭火剂	泡沫：0.07 干粉：0.03	95	26	否
氟蛋白泡沫灭火剂+憎水性超细干粉灭火剂		100	31	否
KFR-100 抗复燃灭火剂+憎水性超细干粉灭火剂	KFR-100：0.07) 干粉：0.03	90	20	否

由表 3.6 可知，在相同的喷射强度下，三种组合类型的复合灭火剂在灭火后均有良好的抗复燃效果，而且由 KFR-100 抗复燃灭火剂与 HLK 憎水性超细干粉灭火剂组合的复合灭火剂与另外两组复合灭火剂相比，灭火时间更短。

4. 实验结果对比分析

通过灭火剂单喷灭火实验，在灭火时间、灭火剂用量及抗复燃情况等方面对比分析了几类常用的泡沫和干粉灭火剂的灭火效能，具体实验数据见表 3.7 和表 3.8。

表 3.7 干粉灭火剂的灭火实验数据汇总表

灭火剂类型	喷射强度/[kg/(s·m²)]	灭火剂用量/kg	预燃时间/s	灭火时间/s	抗复燃情况
ABC 干粉	0.06		95	灭火失败	
普通 ABC 超细干粉	0.06	12.3	95	115	灭火后明火可再次引燃油面，有复燃现象
HLK 憎水性超细干粉	0.06	7.6	100	60	灭火后 3min 内无复燃现象

由表 3.7 可知，在喷射强度为 0.06kg/(s·m²) 时，ABC 干粉灭火剂不能达到有效控火和灭火的目的，灭火失败；普通 ABC 超细干粉灭火剂可以扑灭直径 150cm 的油盘火，其平均灭火用时 115s，

平均灭火剂用量为12.3kg；HLK憎水性超细干粉灭火剂的平均灭火时间为60s，平均灭火剂用量为7.6kg。由此可见，虽然普通ABC超细干粉灭火剂的灭火效能与ABC干粉灭火剂相比已有很大提升，但是其灭火时间仍然较长，灭火剂用量也比较大，抗复燃效果不稳定，而HLK憎水性超细干粉灭火剂又在普通ABC超细干粉灭火剂的基础上，将灭火时间缩短了近1/2。因此，从灭火实验数据可知，HLK憎水性超细干粉灭火剂在三种干粉灭火剂中灭火效果最佳，不论在灭火时间还是灭火剂用量上都明显优于ABC干粉灭火剂和普通ABC超细干粉灭火剂。

表3.8 泡沫灭火剂和水系灭火剂的灭火实验数据汇总表

灭火剂类型	喷射强度/[kg/(s·m²)]	灭火剂用量/kg	预燃时间/s	灭火时间/s	油层温度降/℃	抗复燃情况
水成膜泡沫	0.1	6.8	95	40	0.89	灭火后3min内无复燃现象，拨开泡沫层油面可再次引燃
氟蛋白泡沫	0.1	9.3	96	53	1.33	灭火后3min内无复燃现象，拨开泡沫层油面无法再次引燃
KFR-100抗复燃灭火剂	0.1	7.4	99	42	1.6	灭火后3min内无复燃现象，油面无法再次引燃

表3.8记录了水成膜泡沫、氟蛋白泡沫与KFR-100抗复燃灭火剂在本文灭火实验中的灭火剂喷射强度、灭火剂用量、预燃时间、灭火时间、油层温度降以及抗复燃能力的具体情况。从灭火能力方面看，水成膜泡沫与KFR-100抗复燃灭火剂的灭火时间相差不大，都优于氟蛋白泡沫灭火剂。从冷却降温效果方面来看，KFR-100抗复燃灭火剂能够在相对较短的时间内使油层明显降温，且灭火后3min内无复燃现象，油面无法再次引燃，其冷却降温效果要优于水成膜泡沫和氟蛋白泡沫灭火剂。此外，由于水成膜泡沫灭火时间短、灭火剂

用量少、消泡速度快，使得在实验中其冷却降温效果要次于氟蛋白泡沫灭火剂。从灭火剂用量方面看，由于 KFR-100 抗复燃灭火剂属于水系灭火剂，无发泡过程，因此，尽管其能够在短时间内灭火，但灭火剂用量反而比水成膜泡沫灭火剂的用量多。

为了更加直观地了解复合灭火剂在综合多类灭火剂灭火优势后灭火效能的提升，本文将灭火剂单喷灭火实验结果与灭火剂复合射流在灭火时间上进行了对比，如图 3.23 所示。

由图 3.23 可以看出，在相同的喷射强度下，水成膜泡沫/氟蛋白泡沫与憎水性超细干粉组成的复合灭火剂比单喷水成膜泡沫/氟蛋白泡沫灭火剂的灭火时间缩短了 1/3 左右。KFR-100 抗复燃灭火剂与憎水性超细干粉组合后的复合灭火剂更是比单喷 KFR-100 抗复燃灭火剂的灭火时间缩短了近 1/2，仅为单喷憎水性超细干粉灭火剂灭火时间的 1/3。由此可见，灭火剂复合射流充分发挥了多类灭火剂的灭火优势，有力提高了综合灭火效能。

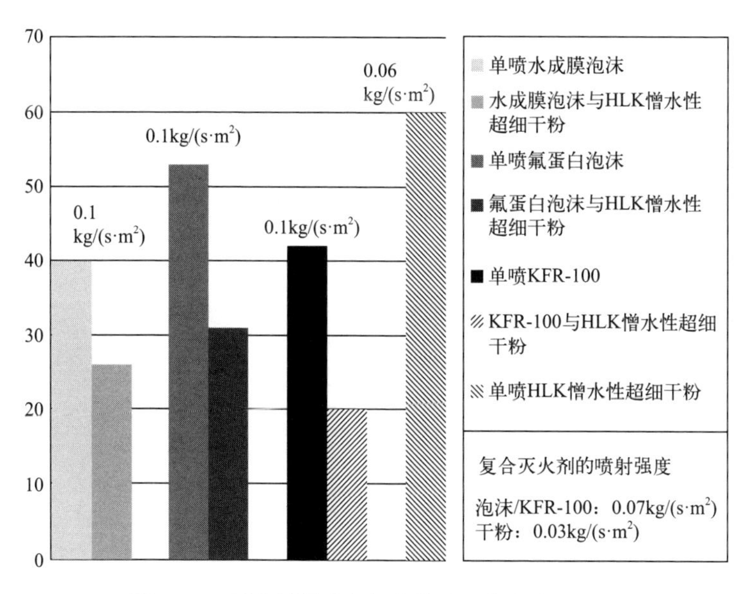

图 3.23　灭火剂单喷与复合射流灭火实验对比图

综上所述，在不同灭火剂组合类型下的复合射流灭火实验中，KFR-100 抗复燃灭火剂-HLK 憎水性超细干粉灭火剂复合射流的灭火效能最为突出。

二、不同喷射方式下的复合射流灭火实验研究

通过阅读国内外相关的文献资料，总结灭火剂复合射流的研究及应用现状可发现，目前消防队伍应用复合射流灭火技术的喷射方式有两种，即复合灭火剂分散喷射和组合喷射。当采用分散的喷射方式时，由于各灭火系统是相对独立的，因此在实际的灭火战斗中灭火剂喷枪可以根据火灾现场及灭火技战术的要求而改变角度和方向。本实验共设计了两支喷枪之间成 90°、45°以及并排喷射三组分散喷射方式下的复合射流灭火实验。当采用组合喷射方式时，将利用复合射流专用喷枪将灭火系统组合联用，并以同心圆的喷射方式喷射复合灭火剂。对复合灭火剂喷射方式的实验研究将有助于我们更好地应用和推广复合射流灭火技术，提高复合灭火剂的灭火效能。

针对不同喷射方式下的复合射流灭火实验设计如图 3.24 所示，由于复合射流组合喷射的灭火实验装置目前还不能实现泡沫与干粉组合喷射，因此，为保证实验数据的可比性及实验的可操作性，本节复合射流灭火实验中均采用了两种类型的复合灭火剂，即泡沫/干粉和干粉/水系灭火剂两种复合灭火剂，从而对比分析不同喷射方式下的复合射流灭火系统的灭火效能优劣，得出能够更好发挥复合灭火剂优势的喷射方式。

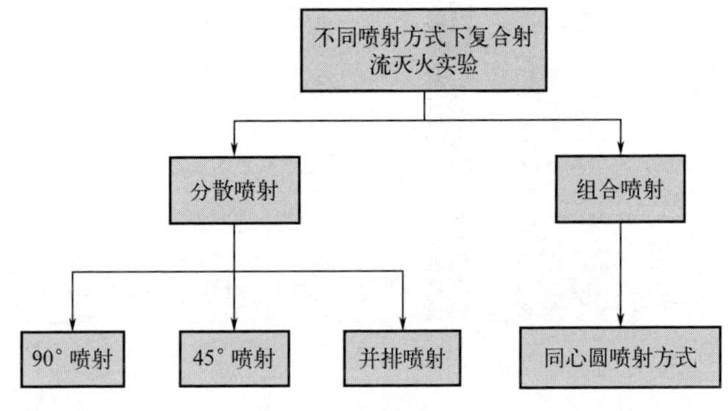

图 3.24　不同喷射方式下复合射流灭火实验设计

1. 复合灭火剂分散喷射的灭火实验

复合射流分散喷射的灭火实验操作步骤与复合灭火剂灭火实验基本相同，只需在每组实验前将灭火剂喷枪的角度调好即可。不同喷射角度下的灭火实验数据见表 3.9 和表 3.10。

由表 3.9 可知，相同工况下，对于泡沫/干粉复合灭火剂来说，在 45°喷射角度下，复合射流的灭火时间最短，其次是 90°喷射，而并排喷射时复合灭火剂的灭火效果最差，灭火时间最长。这可能是因为泡沫灭火剂与超细干粉灭火剂并排喷射时，细小的干粉颗粒对泡沫产生了消泡作用，因此影响了泡沫灭火剂在油面上的铺展速度以及对油面的覆盖窒息作用。

表 3.9 泡沫/干粉的喷射角度灭火实验数据统计表

复合灭火剂类型	喷射方式	第 n 次	预燃时间/s	灭火时间/s	喷射强度
水成膜泡沫/憎水性超细干粉灭火剂	90°喷射	1	105	17	水成膜泡沫灭火剂：0.07kg/(s·m^2) 憎水性超细干粉灭火剂：0.03kg/(s·m^2)
		2	95	23	
		3	98	15	
		平均	99	18	
	45°喷射	1	94	10	
		2	100	13	
		3	106	19	
		平均	100	14	
	并排喷射	1	102	20	
		2	93	30	
		3	90	24	
		平均	95	26	

由表 3.10 可以看出，相同工况下，对于水系灭火剂/干粉的复合射流灭火实验来说，三种喷射角度下的灭火时间相差不大。这说明 KFR-100 抗复燃灭火剂与 HLK 憎水性超细干粉同时喷射灭火过程中，由于超细干粉具有了憎水性，灭火剂之间相互影响很小，使复合

灭火剂能够同时发挥灭火效能，达到快速灭火的目的。

综上所述，通过复合射流灭火系统采用分散的喷射方式进行灭火实验可发现，泡沫/干粉复合灭火剂灭火效能的发挥与喷射角度有关，而憎水性超细干粉在与水系灭火剂联用灭火时，灭火效能的发挥受喷射角度的影响很小。对于泡沫/干粉复合灭火剂来说，并排的喷射方式不利于泡沫/干粉灭火剂灭火效能的发挥，当喷射角度在45°左右时能够提高泡沫/干粉复合灭火剂的灭火效能。因此，在使用泡沫/干粉联用扑灭油罐火灾时，建议将泡沫与干粉灭火剂的喷射方位分开设置。

由于干粉灭火剂在灭火时受室外环境影响较大，干粉灭火剂的射程比水系灭火剂和泡沫灭火剂要短很多。因此，当复合灭火剂中有干粉灭火剂时需要考虑射程长短的问题。对于可近距离灭火的火灾场景可以考虑使用复合灭火剂分散喷射的方式，而对于需要远距离喷射灭火剂灭火的火灾场景，则可以考虑使用复合灭火剂组合喷射的方式。

表 3.10 水系灭火剂/干粉的喷射角度灭火实验数据统计表

复合灭火剂类型	喷射方式	第 n 次	预燃时间/s	灭火时间/s	喷射强度
KFR-100抗复燃灭火剂/憎水性超细干粉灭火剂	90°喷射	1	110	20	KFR-100抗复燃灭火剂：0.07kg/(s·m^2) HLK憎水性超细干粉灭火剂：0.03kg/(s·m^2)
		2	101	17	
		3	95	15	
		平均	102	17	
	45°喷射	1	90	19	
		2	98	13	
		3	100	16	
		平均	96	19	
	并排喷射	1	94	20	
		2	89	19	
		3	90	22	
		平均	90	20	

2. 复合灭火剂组合喷射的灭火实验

复合射流组合喷射时需采用复合灭火剂专用喷枪，喷枪中心管路连接干粉灭火剂喷射系统，外环则连接水系灭火剂喷射系统。灭火时先打开水系灭火剂开关，利用外环压力水流将空气切割出一条管路，再开始喷射干粉灭火剂，这样便可大幅提高干粉灭火剂的射程，减少干粉灭火剂在室外环境中的损失，从而提高灭火效能。复合射流组合喷射的灭火实验数据见表 3.11。

表 3.11 复合射流组合喷射灭火实验数据统计表

复合灭火剂类型	喷射方式	第 n 次	预燃时间/s	灭火时间/s	喷射强度
KFR-100 抗复燃灭火剂/HLK 憎水性超细干粉	同心环形炮口组合喷射	1	90	11	KFR-100 抗复燃灭火剂：0.07kg/(s·m^2) HLK 憎水性超细干粉灭火剂：0.003kg/(s·m^2)
		2	95	7	
		3	100	13	
		平均	95	10	

由表 3.11 可知，在相同工况及相同的灭火剂喷射强度下，采用同心环形炮口组合喷射的方式只需 10s 即可将油盘火扑灭。从灭火时间上来看，组合喷射的射流方式明显优于分散喷射。这可能是因为同心环形炮口的喷射方式增加了干粉灭火剂的有效射程，减少了干粉灭火剂在外界环境中的损失，使得更多的干粉灭火剂喷射到火焰中发生化学反应，从而更快地中断燃烧，熄灭火焰。

3. 实验结果分析

本节开展了不同喷射方式下的复合射流灭火实验，不同喷射方式下的复合射流灭火情况汇总见表 3.12。

表 3.12 不同喷射方式下灭火剂复合射流灭火情况汇总表

复合灭火剂类型	喷射方式	预燃时间/s	灭火时间/s	喷射强度
水成膜泡沫/HLK 憎水性超细干粉	90°喷射	99	18	水成膜泡沫/KFR-100 抗复燃灭火剂：0.07kg/(s·m^2) HLK 憎水性超细干粉灭火剂：0.03kg/(s·m^2)
	45°喷射	100	14	
	并排喷射	95	26	

续表

复合灭火剂类型	喷射方式	预燃时间/s	灭火时间/s	喷射强度
KFR-100 抗复燃灭火剂/HLK 憎水性超细干粉	90°喷射	102	17	水成膜泡沫/KFR-100 抗复燃灭火剂：0.07kg/(s·m^2) HLK 憎水性超细干粉灭火剂：0.03kg/(s·m^2)
	45°喷射	96	19	
	并排喷射	90	20	
	同心环形炮口喷射	95	10	

目前，对于泡沫/干粉联用灭火系统来说，消防队伍在实际的灭火过程中往往先喷射干粉灭火剂快速控制火势，待火势减小或熄灭后再喷射泡沫灭火剂对燃料进行冷却降温和覆盖，以防止复燃。然而，由于干粉灭火剂在灭火过程中受室外环境影响较大，且干粉灭火剂的有效射程较短，火焰被扑灭后极易复燃，若想用干粉灭火剂快速有效控制火势，就要保证充足的干粉喷射强度，增大燃烧面上方的干粉浓度。因此，在干粉灭火剂剂量不足，且火势较大的灭火救援中，也有先喷射泡沫灭火剂对燃料进行冷却降温，减小火势后再喷射干粉灭火剂消焰而扑灭火灾的案例。本文中泡沫/干粉复合灭火剂的灭火实验采用了组合喷射的方式喷射泡沫和干粉灭火剂。通过对比分析不同喷射方式下的灭火实验数据可知，对于水成膜泡沫/HLK 憎水型超细干粉的复合射流灭火实验来说，当泡沫喷枪与干粉喷枪成 45°时灭火效果较好，灭火时间较短，而并排喷射的灭火时间最长。这可能是因为在泡沫灭火剂与干粉灭火剂平行并排喷射的时候，由于干粉颗粒细小，对泡沫会有一定的消泡作用，因此影响泡沫灭火剂灭火效能的充分发挥，导致灭火时间延长。

由表 3.12 可以看出，采用同心环形炮口的喷射方式喷射 KFR-100 抗复燃灭火剂与 HLK 憎水性超细干粉灭火剂，与其他喷射方式相比能够更加快速冷却油面温度并灭火。复合射流灭火系统同心环形炮口的喷射方式不但提高了干粉灭火剂的有效射程，缩短了灭火时间，减少了灭火剂用量，而且降低了火灾损失和火灾风险。

三、不同灭火剂配比下的复合射流灭火实验研究

1. 实验设计

由前述实验内容可知，复合灭火剂的组合类型及灭火系统的喷射方式都在不同程度上影响了复合射流的灭火效能的发挥，而在确定复合灭火剂的组合类型及喷射方式后，最终决定复合射流灭火效能的则是复合灭火剂的喷射强度配比关系。合理的灭火剂喷射强度配比不仅可以快速灭火，有效提高复合灭火剂的灭火效能，还能减少灭火剂用量，降低灭火成本。

在不同灭火剂配比下的复合射流灭火实验中采用了同心环形炮口喷枪，为便于实验操作，对灭火剂喷枪进行了改进，在喷枪开关处加装了刻度盘，如图 3.25 所示。

图 3.25　喷枪刻度盘

由单一灭火剂灭火实验可知，在相同工况下，喷射强度为 0.06kg/(s・m^2) 时，单喷 HLK 憎水性超细干粉扑灭直径 150cm 的油盘火需要 60s，而在喷射强度为 0.18kg/(s・m^2) 时，单喷 KFR-100 抗复燃灭火剂的灭火时间为 42s。本节复合灭火剂配比实验将使用由 KFR-100 抗复燃灭火剂与 HLK 憎水性超细干粉灭火剂组成的复合灭火剂，采用复合射流灭火系统同心环形炮口的喷射方式，并以 HLK 憎水性超细干粉和 KFR-100 抗复燃灭火剂在单喷灭火实验中的灭火剂供给强度为基础，通过调节喷枪刻度盘上的刻度来调节灭火剂的流量，并根据灭火剂用量与喷射时间来计算灭火剂的喷射强度。最后将不同喷射强度下的灭火数据进行归纳分析，并根据复合灭火剂喷

射强度与灭火时间的关系来分析复合灭火剂的配比对灭火效能的影响，以期得到最佳的复合灭火剂喷射强度配比范围。

2. 实验结果分析

本实验以单一灭火剂的灭火实验中单喷KFR-100抗复燃灭火剂和单喷HLK憎水性超细干粉灭火剂的灭火实验为基础，应用复合射流灭火技术，进行了多组不同复合灭火剂配比下的油盘火灭火实验，具体实验数据见表3.13。

表3.13　复合灭火剂喷射强度配比与灭火剂用量、灭火时间的对比分析表

复合灭火剂配比Q∶S 总强度为0.2kg/(s·m²)		1∶0	0∶1	1∶1	2∶1	3∶1	4∶1	5∶1
复合灭火剂用量/kg	Q	13.3	0	4.7	5.2	4.8	4.6	5.1
	S	0	10.5	4.5	2.6	1.6	1.1	1.1
复合灭火剂用量与1∶1强度配比的用量对比	Q	2.83	0	1	1.11	1.02	0.98	1.08
	S	0	2.33	1	0.58	0.36	0.24	0.24
灭火时间/s		38	30	26	22	18	16	18

注：Q代表KFR-100抗复燃灭火剂；S代表HLK憎水性超细干粉灭火剂。

由表3.13可知，当单喷KFR-100抗复燃灭火剂与单喷HLK憎水性超细干粉灭火时，其灭火剂使用量分别是复合灭火剂强度配比为1∶1的情况下的283%和233%；当复合灭火剂强度配比为2∶1时，复合灭火剂中超细干粉灭火剂使用量减少了42%，灭火时间也减少了15%，抗复燃灭火剂使用量则增加了11%；当复合灭火剂强度配比为3∶1时，超细干粉灭火剂的使用量和灭火时间分别减少了64%和31%，与此同时，抗复燃灭火剂使用量相当；继续增加复合灭火剂强度配比时，其灭火时间无明显变化，且抗复燃灭火剂的使用量也相当，仅是超细干粉灭火剂的使用量略有减少。由此可见，当复合灭火剂灭火时，适当的调整复合灭火剂的喷射强度比例，不但可以减少复合灭火剂的使用量，降低灭火成本，而且可以缩短灭火时间，提高灭火效率。

在综合考虑灭火成本及灭火效率的情况下，确定了抗复燃灭火剂KFR-100与HLK憎水型超细干粉灭火剂的喷射强度比例在3∶1～

5∶1时，其灭火效率较佳。考虑灭火剂在火灾现场受环境因素或设备操作中的剂量损失，灭火剂的实际供给强度可在复合灭火剂比例之上适当增大。

第四章　复合射流灭火技术的大型灭火实验研究

复合射流技术是一种集多种类型灭火剂优点于一身的灭火技术，对石油化工火灾的灭火效果尤其突出。本章利用复合射流举高喷射消防车，对复合射流与消防队伍目前常用的氟蛋白泡沫灭火剂和水成膜泡沫灭火剂进行扑救大尺寸油池火灾的灭火效能对比实验，对所选灭火剂的用量、控火时间、灭火时间、热辐射、温度降和抗复燃性等灭火技术参数进行对比，以期能初步得出复合射流与传统泡沫灭火技术在灭火效能上的对比数据，为消防队伍在扑救石油化工类火灾时的灭火技术装备选择上提供新的思路。

实验测试包括两部分，第一部分为测试的预备实验，利用直径12m的油池火灭火实验，测试复合射流灭火技术不同射流落点与灭火时间的关系；第二部分为主体实验，进行复合射流灭火剂与氟蛋白泡沫灭火剂、水成膜泡沫灭火剂在1000m^3模拟仿真油罐火灾的灭火效果对比。

第一节　不同射流落点与灭火时间的关系

复合射流灭火技术以超细干粉作为压制火势、迅速熄灭表面火焰的主要灭火剂，其在燃烧区的有效析出量对于灭火时间起主要作用，因此，如何提高超细干粉在燃烧区的有效析出量是提高该技术灭火效能的关键问题。通过以往的试喷效果发现，复合射流落点的不同对于超细干粉在燃烧区域的析出量的影响至关重要，因而直接影响着灭火时间及技术装备效果的发挥。

一、车辆场地布置

复合射流高喷车停靠在距池壁 40m 的上风向，臂架前探，升至 10m 高度，炮口与铅垂线夹角按实验设置角度，以同心环形炮口中心作铅垂线与地面的交点为原点，原点距池壁距离约 25m，如图 4.1 所示，原点与油池中心的连线上，标定预备实验所测得的最佳射流落点。

18m 水罐/泡沫举高喷射消防车停靠在距池壁 40m 处，炮口高度与复合射流高喷车相同，泡沫炮的射流落点设定在远点池壁上，测试之前需调校炮口的喷射角度以确定有效落点。

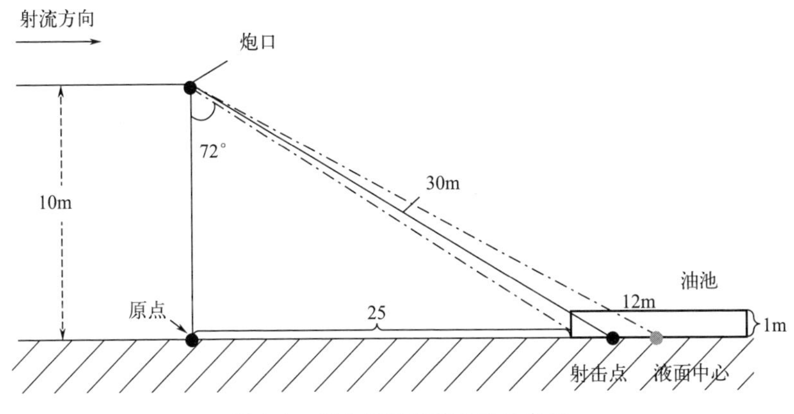

图 4.1 复合射流高喷车场地布置

实验采用复合射流举高喷射消防车，实验场地平坦，有足够的长度和宽度，测试时风速小于 2m/s，气温在 0～30℃范围内。场地内设有直径 12m 圆形油池（模拟 1000m^3 拱顶罐直径），高度 1m，钢质。油池内共选定 3 个灭火剂射流落点中心（下文简称射流落点），分别进行三次灭火实验，每次燃料消耗车用 0＃柴油 2000L，点火用 90＃汽油 100L，底部设 10cm 厚的水垫层。复合射流消防车顺风停靠在距油池 40m 左右的上风向，臂架前探，升至 10m 工作高度。同心环形炮口在地面上的投影为原点，原点距油池池壁约为 25m，炮口与铅垂线夹角在 70°～75°之间调整。在原点与油池中心连线上标定射流落点，以射流落点中心为圆心、3m 为半径标定喷射范围，具体标定位置如图 4.2、图 4.3 所示：

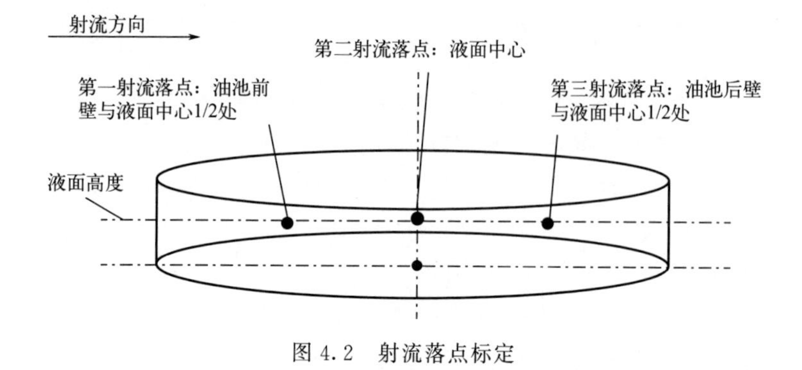

图 4.2　射流落点标定

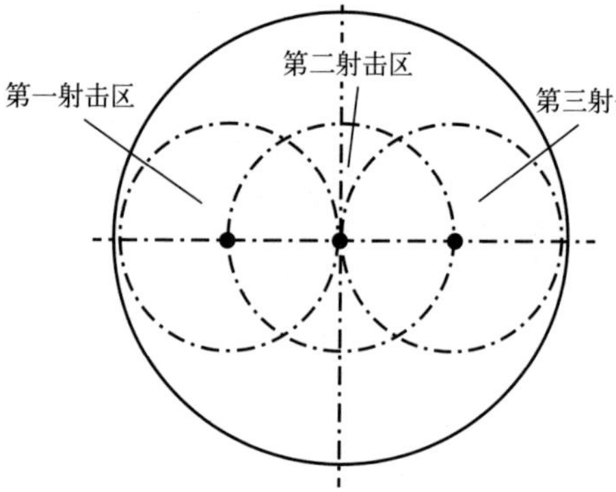

图 4.3　喷射范围标定

需要说明，实验中复合射流举高喷射消防车选择 10m 的工作高度，旨在模拟 1000m³ 油罐火灾场景（油罐直径为 12m，罐高 10m，液面高度 9m），即该车在实际中高液位 1000m³ 油罐火灾中，工作高度应保持高于液面 10m 左右，从而保证从炮口距液面的垂直落差为 10m；选择原点到油罐罐壁距离为 25m，喷射角度在 70°～75°左右调整，见图 4.1。一是根据移动消防车喷射干粉类灭火剂在有效射流可达到预定射击点的允许范围内，越接近水平喷射效果越佳的原则；二是由于以此距离与角度喷射，能保证复合射流在将要到达燃烧区时，超细干粉有较好的析出量，并且有足够的动能使其进入燃烧区内部。冷喷实验数据表明，在液相流出口压力为 1.0MPa、超细干粉罐出口压力为 1.44MPa 工况时，复合射流主体段的中轴长度（剪切面的中心与炮口的直线距离）在 30m 附近时，射流的扩展厚度开始加速增加，即复合射流开始明显扩散，超细干粉此时析出量明显增大，且仍具备较充足的动能使射流中由于涡结构、扩散、卷吸作用析出的超细干粉可进入火焰内部，与火焰充分混合。

图 4.4 为炮口与铅垂线夹角在 75°与 90°时，剪切层扩展厚度随射流中轴长度的变化，图中可见，复合射流在射流中轴长度约 30m 附近，扩展厚度迅速增加，复合射流分解加速；就喷射角度而言，越接近水平喷射，剪切层的扩展厚度越大。

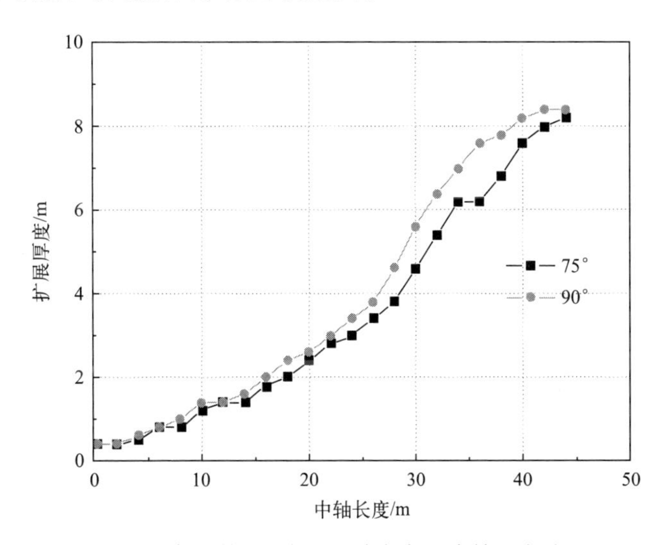

图 4.4　射流剪切层扩展厚度与射流中轴长度关系

二、不同射流落点灭火时间的测定

在空油池中标定射流落点与射击范围后，进行射流落点的调校，实验时风速小于 2m/s，启动消防泵，待炮的出口压力达到额定工作压力时，启动超细干粉系统，待复合射流喷射连续稳定后，调整炮口角度，使射流覆盖范围准确落在第一射击区范围内，记录此时液相流出口压力稳定在 1.0MPa，超细干粉罐出口压力约为 1.44MPa，微胞囊类灭火剂水溶液流量为 50L/s，超细干粉流量为 10kg/s，炮口与铅垂线夹角为 72°后，停止系统工作。

待射流落点的调校完成后，清理油池，重新注入约10cm厚水垫层以及车用0#柴油2000L，汽油点火至全液面燃烧，启动复合射流灭火系统开始灭火，在复合射流主体段进入燃烧区范围内时开始记录控火时间、灭火时间。测试完第一射流落点后，清空油池，按上述步骤进行其他射流落点的测试实验。表4.1为不同射流落点控火时间及灭火时间的记录结果。

表4.1 不同射流落点控火时间及灭火时间记录

计时项目/射流落点		射流落点1	射流落点2	射流落点3
灭火过程	点火至全液面燃烧时间/s	46	40	44
	控火时间/s	7	15	28
	灭火时间/s	15	23	41

由表4.1可以看出，不同的射击区域对于复合射流灭火系统的灭火效果具有相当大的影响。在燃烧区前端的第一射流落点，控火与灭火效果较好，灭火时间仅为15s，是第三射流落点的36.6%，第三射流落点的灭火时间为41s，实验中发现以第三射流落点为目标喷射复合射流时，超细干粉在燃烧区的停留时间最短，无法充分发挥其灭火效果，其灭火时间与微胞囊类灭火剂单独扑救此类火灾的灭火时间相当，可见第三射流落点喷射时，超细干粉几乎没有发挥出其快速控火的作用，这主要与超细干粉从复合射流中分离的机理与其在燃烧区的淹没时间有关。

根据超细干粉析出分离的机理可知，其中，除了由于自由紊动射流本身的涡结构、卷吸及扩散作用之外，惯性碰撞也是促使超细干粉分离的主要原因之一，在多相射流将要到达燃烧区附近时，大部分氮气流已经与主流体分离，可将此时的多相流看作固液两相流，在固液两相流到达燃烧区遇到阻挡（火焰、液面、罐壁等）时，由于流动方向发生急剧变化，部分超细干粉颗粒将受到惯性力的作用而使其运动轨迹偏离液相流体的流线，保持自身的惯性运动，与液相流体分离。而固相的超细干粉颗粒此时大量分离出来，由于主流体（主要是液相流体）所产生的卷吸作用，使得周围气流在遇到阻碍时产生绕流，超细干粉由于粒径达到气溶胶级别，因而由卷吸作用产生的气流裹挟大量超细干粉绕过障碍物，产生一个继续向前的速度，与干粉颗粒自身的惯性力形成向前的合力。由此可知，复合射流灭火系统的射流在燃烧区前方与燃烧表面发生碰撞时，可以使超细干粉灭火剂最大限度地淹没燃烧区并淹没较长的时间。

因此，由上述机理与实验测试数据可以得出以下结论：复合射流灭火系统在射击区域的选择上，应以保证超细干粉的析出量与其在燃烧区域的淹没时间为原则；在完全敞开的燃烧区域，如中高液位油罐火灾或地面流淌火灾，应保证复合射流的射击区域在燃烧区的前端或燃烧表面的前端；但在一些相对半封闭的露天场所，如液位较低的油罐火灾中，射击区域的选择则主要以延长超细干粉在燃烧区域的淹没时间为宗旨。

第二节　大型实验装置和步骤

一、实验装置

1. 1000m^3 模拟仿真油罐

搭建一座直径 12m、高度 10m、底面积 113m^2、体积 1000m^3 的模拟仿真立式敞口油罐。包括高 9m 的水泥柱体和高 1m 的油罐［图 4.5（a）］，油罐壁内加设加强筋［图 4.5（b）］，油罐底部和罐壁上沿设有热电偶测温装置，罐沿设有一圈水喷淋冷却保护装置［图 4.5（c）］，罐体内部设有油水分离装置［图 4.5（d）］。

2. 测量装置与数据采集系统

数据测量系统主要包括火焰热辐射测量系统和温度采集系统。

热辐射是油罐火灾的主要传热方式，也是造成火势扩大、人员伤亡的重要原因。实验中的辐射热强度测试系统主要通过测量液面上方以及射流方向地面高度在灭火过程中的辐射热强度变化，从而比较复合射流技术所使用的复合灭火剂与氟蛋白泡沫灭火剂以及水成膜泡沫灭火剂在降低辐射热方面的差异。热辐射测量位置如图 4.6 所示。热辐射测量位置设置在两个平面上。

(a) (b) (c) (d)

图 4.5　1000m^3 模拟仿真油罐

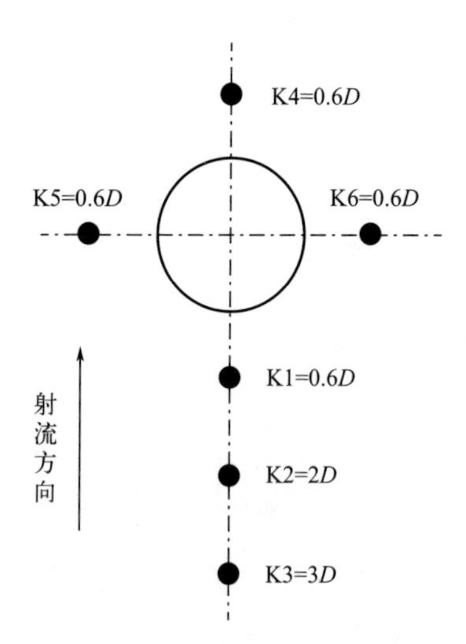

图 4.6　高于罐口 1m 平面热辐射测量位置示意图

（1）高于罐口 1m 处的平面设置 6 个热辐射测量位置；

（2）射流方向高于地面 1.8m 的平面，分别在 0.6D、D、2D 处设置 3 个热辐射测量位置。

火焰热辐射选用圆箔式热流传感器和 FLUKE-2635A 数据采集仪进行测量，其中圆箔式热流传感器的工作原理是：由铜引线-康铜箔-铜热沉体组成差分热电堆，当热辐射投射到康铜箔的涂黑（高吸收率）表面时，康铜箔的温度升高，并与周围形成温度差，经过差分热电堆的检测输出与之对应的电压信号，同时这个电压信号与投射到康铜箔上的热辐射通量构成一定的函数关系，通过测量该电压信号便可计算出入射的热辐射通量，仪器设备如图 4.7 所示。

(a) 圆箔式热流传感器

(b) FLUKE-2635A数据采集仪

图 4.7　热辐射测量系统

实验分别将热流传感器固定在 6 根高 11m 的钢管顶部，钢管底部设固定支架，以便于移动拆卸。为了保证测量灭火实验时的热辐射强度的准确性和一致性，实验在设置热流传感器时，将热流传感器的测量部件中心线与罐沿顶部切线保持垂直。热流传感器布置如图 4.8 所示。

温度采集系统主要用于对比复合射流喷射的复合灭火剂与氟蛋白泡沫以及水成膜泡沫在降低液面和池壁温度、抗复燃等方面的效果差异。温度采集系统采用 Φ1.5 铠装 K 型热电偶用于罐壁温度的测量，Φ2.0K 型铠装热电偶外加 Φ10 不锈钢保护套管用于液面温度及表层油温的测量。其中，K 型铠装热电偶的测量范围为 0～1300℃，热电偶测温系统布置如图 4.9～图 4.11 所示。

(a) 油罐周围分布图

(b) 热流传感器安装角度

图 4.8　热流传感器设置图

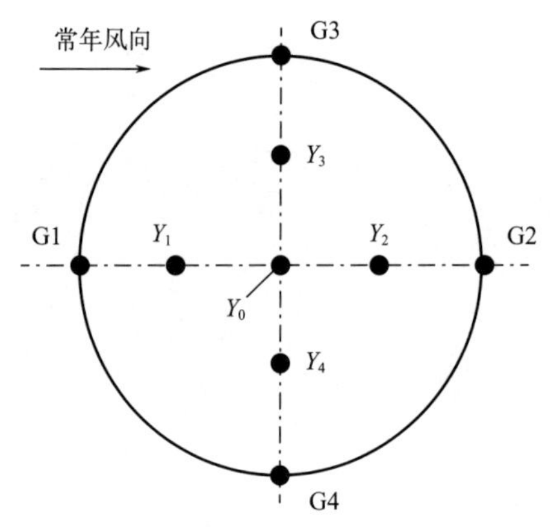

图 4.9　测温点布置俯视示意图

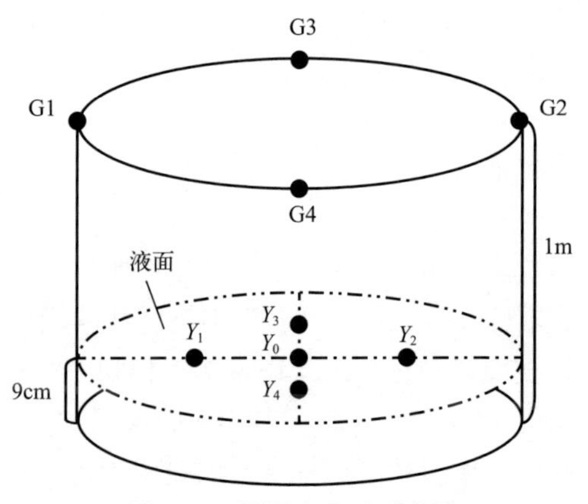

图 4.10　测温点布置示意图

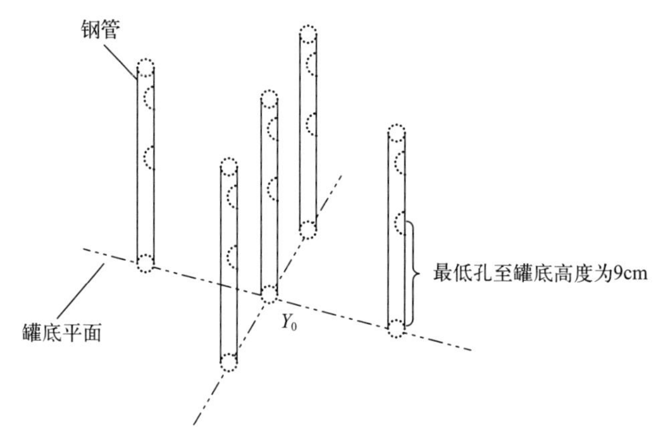

图 4.11　测温点布置示意图

罐壁测温点采用 Φ1.5 铠装 K 型热电偶，根据实验场地常年风向固定在罐壁顶端（与罐口齐平），在常年风向的上风、下风及两个侧风向各安装一个热电偶，分别为 G1、G2、G3、G4。

液面测温点采用 Φ2.0K 型铠装热电偶外加 Φ10 不锈钢保护套管，Y_0 为罐底中心，Y_1、Y_2、Y_3、Y_4 分别为 Y_0 到罐壁半径的中点，在以上五处位置罐底打孔安装钢管，以便固定热电偶，钢管高出罐底平面 12～15cm，每一钢管上各安装 2 个热电偶（由于燃烧液面在灭火过程中高度不稳定，每根钢管布置三个热电偶是为了在处理数据时取平均值，以保证测量液面温度的准确性），2 个热电偶距罐底距离分别为 9cm、11cm（液面高度为 10cm，热电偶高度差 2cm，一根钢管上的两个热电偶呈 180°布置）。罐底安装了钢管，以及钢管钻孔安装热电偶时要保证密封性，防止实验过程中漏油。

罐壁测温点 4 个，液面测温点 5 个，液面测温点每个钢管上安装 2 个热电偶，液面热电偶数量为 10 个，罐壁热电偶数量为 4 个，共计 14 个热电偶，利用拓普瑞多路温度记录仪对实验过程中的温度进行全程监控与记录，设备如图 4.12 所示。

3. 灭火实验装备

灭火实验装备主要为消防车，包括 25m 复合射流举高喷射消防车 1 台，25m 举高喷射水罐/泡沫消防车 1 台，供水用 25t 重型水罐车 2 台，冷气溶胶消防车 1 台，后勤保障车（水罐泡沫车）1 台，如图 4.13～图 4.16 所示。

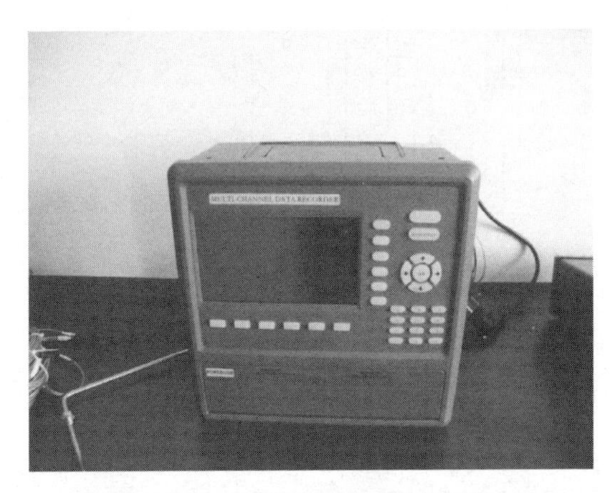

图 4.12　拓普瑞多路温度记录仪

图 4.13　复合射流举高喷射消防车

图 4.14　举高喷射水罐/泡沫消防车

图 4.15　25t 重型水罐车

图 4.16　冷气溶胶消防车

4. 实验燃烧介质

实验所用燃烧介质为车用 0 # 柴油 15t，点火用 93 # 汽油 500L，采用电子点火装置。如图 4.17、图 4.18 所示。

图 4.17　加油车向油罐加油的过程

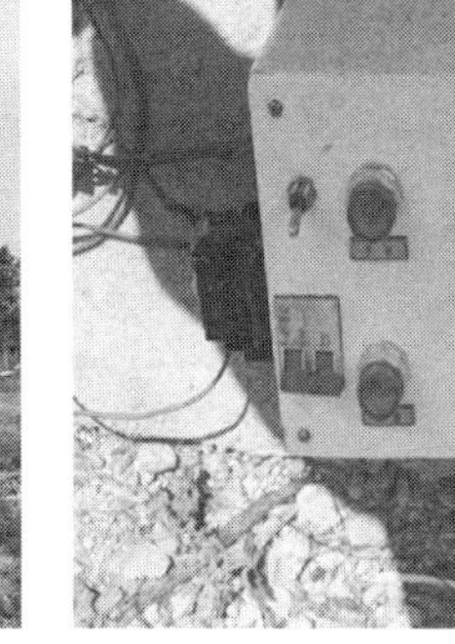

图 4.18　电子点火装置

5. 实验所用灭火剂

复合射流技术所用灭火剂主要为 F-500 微胞囊灭火剂、FireAad2000 多功能灭火剂（图 4.19、图 4.20）、KFR-100 高效灭火剂和 HLK 超细干粉，实验所用的其他灭火剂还有水成膜泡沫灭火剂和氟蛋白泡沫灭火剂。

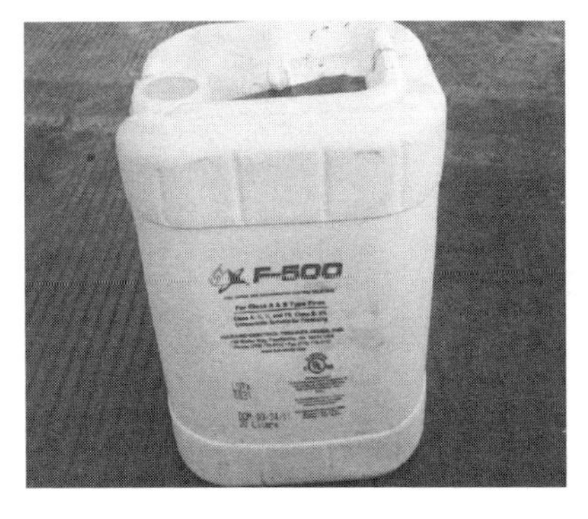

图 4.19　F-500 微胞囊灭火剂

图 4.20　FireAad2000 多功能灭火剂

F-500 微胞囊灭火剂灭火机理依赖三个主要机制：降低水的表面张力，快速降温及形成和保持微胞与中断自由基链式反应。目前，F-

500 灭火剂市场价格在 16 万元/t 左右。

FireAad2000 多功能灭火剂灭火机理依赖四个主要机制：湿润，降低水的表面张力，渗透冷却，在物体表面形成泡沫和乳膜隔绝空气和乳化作用。目前，FireAad2000 多功能灭火剂市场价格大约在 16 万元/t。

山东环绿康新材料科技有限公司开发的 KFR-100 抗复燃灭火剂，属于 F-500 和法安德 2000 灭火剂的国产化，并添加了具有特殊功能的助剂，实现了多功能、高效、环保的灭火效果。目前，KFR-100 抗复燃灭火剂市场价格大约在 8 万元/t。

HLK 超细干粉灭火剂的平均粒径小于 5μm，其灭火机理依赖三个主要机制：对有焰燃烧的抑制作用，对表面燃烧隔离的熄灭作用，冷却、窒息与对热辐射的遮盖作用。HLK 复合型超细干粉灭火剂灭火效能≤0.06kg/m^3。灭火剂既可全淹没应用灭火，又可局部应用灭火，广泛应用于各种场所扑救 A、B、C、E、F 类火灾。目前，HLK 超细干粉市场价格在 3～5 万元/t。

6. 其他器材

其他器材主要包括：

① 覆盖全场的音响设备 1 套，半导体手提扩音器 1 台，配置备用电池；

② 便携式温度遥感测试仪 2 台；

③ 便携式风向风速仪 1 台；

④ 摄像机 3 台；

⑤ 照相机 2 架；

⑥ 秒表 6 块；

⑦ 笔记本电脑 1 台＋记录本、表格（预先设计、印好）；

⑧ 清除残余泡沫器具一套（纱网、竹竿、拉带、大扫把）；

⑨ 指挥旗 2 面（红、绿各一面）。

实验器材与设备如表 4.2 所示。

表 4.2 装备器材清单

项目	器材名称	数量
车辆	复合射流高喷消防车	1 台
	举高喷射水罐/泡沫消防车	1 台
	重型水罐车	2 台
	供水用重型水罐车	2 台
	冷气溶胶供给车	1 台
	抗复燃灭火剂供给车	1 台
	后勤保障车	1 台
温度、辐射热测试器材	Φ1.5 铠装 K 型热电偶	4 个
	Φ2.0K 型热电偶	10 个
	Φ10 不锈钢保护套管	5 个
	热辐射探头	9 个
	数据采集仪	1 台
	64 通道温度记录仪	1 台
	笔记本电脑	1 台
	11m 立柱	6 根
	K 型热电偶补偿导线	600m
	手持光学测温仪	2 台
	热辐射探头补偿导线	500m
燃料	车用 0# 柴油	15t
	93# 汽油	500L
灭火剂	HLK 超细干粉	3t
	KFR-100 高效灭火剂	1T
	F-500 微胞囊灭火剂	1t
	FireAad2000 多功能灭火剂	1t
	水成膜泡沫灭火剂	2t
	氟蛋白泡沫灭火剂	2t

续表

项目	器材名称	数量
其他器材	计时秒表	6 块
	照相机	2 架
	摄像机	3 架
	便携式风向风速仪	1 台
	覆盖全场的音响设备	1 套
	湿度仪	1 台
	半导体手提扩音器	1 台

7. 车辆场地布置

通过对三相射入点对灭火效果的测试结果，确定复合射流高喷车的实验位置。复合射流高喷车停靠在距罐壁 40m 的上风向，臂架前探，升至 19m 高度，炮口与铅垂线夹角在 70°～75°之间，以同心环形炮口中心作铅垂线与油罐内水平液面的交点为原点，原点距罐壁距离约 25m，复合射流的射击中心为油罐直径近壁 1/4 处，灭火实验前需空池调校，如图 4.21 所示。

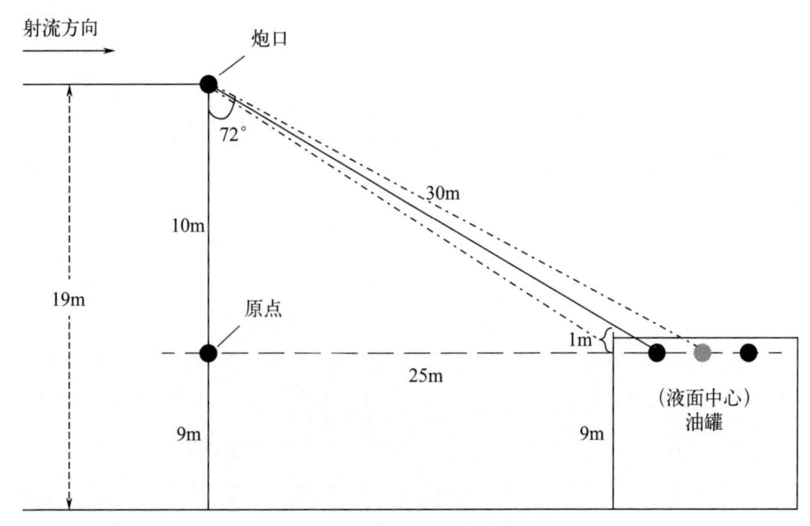

图 4.21　复合射流高喷车场地布置

举高喷射水罐/泡沫消防车停靠在距油罐罐壁30m处，泡沫炮的射击点设定在远点罐壁上，测试之前需调校射击点。

二、实验主要步骤

（1）测试系统检测　在所有测试设备均连接完毕后，需进行点火测试，观察设备在燃烧过程中工作是否正常。

（2）车辆准备　所有参加灭火实验车辆须通过底盘性能及消防性能检查。

（3）车辆停靠位置　复合射流高喷车停靠在距罐壁约40m处的上风向，臂架前探，升至19m高度，炮口与铅垂线夹角在70°～75°之间，以同心环形炮口中心作铅垂线与油罐内水平液面的交点为原点，原点距罐壁距离约25m，复合射流的射击中心为油罐直径近壁1/4处。举高喷射水罐/泡沫消防车停靠在距油罐罐壁30m处，泡沫炮的射击点设定在远点罐壁上。其他参加灭火实验车辆按指定位置停放。

（4）射击点调校　在灭火实验前，展开测试车辆，空池进行射击点的冷喷调校，复合射流高喷车的射击点位于射流方向油罐直径近壁1/4处。举高喷射水罐/泡沫消防车射击点位于远点罐壁。在调整好车辆的射击点后，记录此时出口压力、泵压、流量、炮口夹角等，以上参数在调校好后，不得随意更改变动。

（5）加油点火　将10t车用0＃柴油泵入油罐静置，复合射流高喷车做好喷射准备后，以汽油进行点火。

（6）计时　点火成功时开始第一次计时；全液面燃烧后，等待指挥员命令，指挥员下令开始灭火，测试车辆出灭火剂时，开始第二次计时；指挥员示意火势得到控制时，记录控火时间；待火势全部消灭时，记录灭火时间。

（7）抗复燃测试　在液面火焰全部熄灭后，继续喷射10s后停止，人员迅速攀上油罐，用手持测温仪对液面进行温度测量，5min内观察有无复燃现象，对灭火后的液面进行二次点火，观察是否可燃。

（8）数据采集　设备检验完毕全部正常后进行正式实验阶段，此时打开所有测试设备开始采集数据，自点火时起，至灭火后混合液面温度降至常温止。

(9) 油水分离　第一次灭火后将油罐内混合液泵出，经过静置分离出可用油品，以备第二次灭火时使用。

(10) 实验顺序　实验顺序为水成膜泡沫灭火实验、氟蛋白泡沫灭火实验、复合射流灭火实验。

三、数据采集和整理

1. 灭火数据

(1) 灭火剂用量（kg）　指在灭火过程中实际消耗的水及水系灭火剂数量。通过计量确定。

(2) 控火时间（s）　指预燃 90s 后喷射灭火剂，液面火势被灭掉 90%时的时间。

(3) 灭火时间（s）　指从喷射灭火剂开始至明火全部熄灭的时间。

(4) 火焰温度（℃）　测定自全液面燃烧起至预燃 90s 时的中部火焰温度（℃）。

(5) 温度降（℃）　测定灭火后 30s 内液面温度（℃）。

(6) 抗复燃情况　灭火后用明火触点液面，测试能否点燃。

2. 温度数据

(1) 罐壁温度

① 复合射流下的罐壁温度分布。

② 氟蛋白灭火剂的罐壁温度分布。

③ 水成膜灭火剂的罐壁温度分布。

④ 三者罐顶温度比较。

(2) 液面温度

① 复合射流液面温度分布。

② 氟蛋白液面温度分布。

③ 水成膜液面温度分布。

④ 三者液面中心温度比较。

3. 热辐射数据

（1）罐顶平面热辐射

① 复合射流罐顶平面热辐射分布。

② 氟蛋白罐顶平面热辐射分布。

③ 水成膜罐顶平面热辐射分布。

④ 三者罐顶平面 0.6D 处热辐射比较。

（2）地面高度辐射热　三者 2D 处辐射热比较。

第三节　灭火效能对比与分析

实验分别利用水成膜泡沫、氟蛋白泡沫、复合射流灭火剂进行灭火实验，从灭火剂的用量、控火时间、灭火时间、热辐射、温度降和抗复燃性等灭火技术参数进行灭火效能对比。

一、水成膜泡沫灭火剂灭火实验

水成膜泡沫灭火剂灭火实验如图 4.22 所示，实验时风速<2m/s，环境温度为 33℃，罐沿温度为 39.3℃，预燃时间为 90s，此时火焰

图 4.22　水成膜泡沫灭火剂灭火实验

稳定燃烧，火焰中部温度约为 785℃，$L/D=0.6$ 处（L 为油罐周围距罐壁的距离，D 为油罐直径）的平均热辐射通量为 17 kW/m^2，油层在油品稳定燃烧时温度上升至 43.7℃左右，开始喷射水成膜泡沫，经过大约 75 s 的喷射灭火，此时油层平均温度为 39.1℃，$L/D=0.6$ 处的平均热辐射通量为 10kW/m^2。水成膜泡沫灭火剂灭火实验结果如表 4.3 所示。

表 4.3 水成膜泡沫灭火剂灭火实验结果

灭火前火焰中部温度/℃	水垫层平均温度/℃	油层平均温度/℃	控火时间/s	灭火时间/s	辐射降/(kW/m^2)	温度降/℃
785	39.48	39.8	43	75	$L/D=0.6$ 处约为 7	3.9

二、氟蛋白泡沫灭火剂灭火实验

氟蛋白泡沫灭火剂灭火实验如图 4.23 所示，风速为 2m/s，环境温度为 33℃，油面初温为 33.6℃。实验中，油层在油品稳定燃烧时温度上升至 52℃左右，开始喷射氟蛋白泡沫，随着氟蛋白泡沫的继续喷射，火焰逐渐熄灭，从开始喷射到火焰熄灭用时约为 45s。灭火剂开始喷射时火焰中部温度约为 788℃，$L/D=0.6$ 处的平均热辐射通量为 18kW/m^2；经过大约 45 s 的喷射灭火，此时水垫层温度为 48.5℃，平均油层温度为 48.4℃，$L/D=0.6$ 处的平均热辐射通量

图 4.23 氟蛋白泡沫灭火剂灭火实验

为 10kW/m^2。此组实验的灭火时间为 45s，温度降为 3.6℃，$L/D=0.6$ 处辐射降约为 8kW/m^2。氟蛋白泡沫灭火剂灭火实验结果见表 4.4。

表 4.4 氟蛋白泡沫灭火剂灭火实验结果

灭火前火焰中部温度/℃	水垫层平均温度/℃	油层平均温度/℃	控火时间/s	灭火时间/s	辐射降/(kW/m^2)	温度降/℃
788	48.5	48.4	39	45	$L/D=0.6$ 处约为 8	3.6

三、复合射流灭火剂灭火实验

复合射流灭火剂灭火实验如图 4.24 所示，风速＜2m/s，环境温度为 33℃。实验中，油层在油品稳定燃烧时温度最高上升至 48.2℃左右时，开始喷射复合射流灭火剂，随着灭火剂的继续喷射，火焰逐渐熄灭，从开始喷射到火焰熄灭用时约为 21s。灭火剂开始喷射时火焰中部温度约为 778℃，$L/D=0.6$ 处的平均热辐射通量为 16 kW/m^2；经过大约 15s 的时间，火势基本被控制住，经过大约 21 s 的喷射灭火，此时水垫层温度为 41.8℃，油层温度为 42℃，$L/D=0.6$ 处的平均热辐射通量为 6kW/m^2。此组实验的灭火时间为 21s，温度降为 6.2℃，$L/D=0.6$ 处辐射降约为 10kW/m^2。复合射流灭火剂灭火实验结果见表 4.5。

图 4.24 复合射流灭火剂灭火实验

表 4.5　复合射流灭火剂灭火实验结果

灭火前火焰中部温度/℃	水垫层平均温度/℃	油层平均温度/℃	控火时间/s	灭火时间/s	辐射降/(kW/m²)	温度降/℃
778	41.8	42.08	15	21	L/D=0.6 处约为 10	6.2

四、液面测温数据对比分析

液面温度数据的测量主要是用来比较复合射流与传统泡沫灭火技术在降低液面温度的效果上的差别。由于复合射流的落点在油池的近壁端，而泡沫消防车的灭火剂落点在油池的远壁端。由于液面层分别有 5 个不同的测温点，所以将三种灭火剂灭火时的液面温度数据分别取液面温度的平均值，能更加直观、准确地反映出火焰燃烧和火焰扑灭过程中的变化趋势。

表 4.6 为复合射流、氟蛋白泡沫、水成膜泡沫在扑救油池火灾过程中的液面中心降温效果对比数据表。实验中，0＃柴油点燃后液面中心温度在达到 115℃附近后稳定下来，在全液面燃烧后预燃的 1min 内，液面中心温度始终稳定在 100～120℃范围内。就降温效果而言，复合射流＞氟蛋白泡沫＞水成膜泡沫。水成膜泡沫灭火剂与氟蛋白泡沫灭火剂在降温效果上相差不大，氟蛋白泡沫灭火剂效果稍好，而复合射流灭火系统的降温幅度与降温速度都远远超过上述两种泡沫灭火剂。

表 4.6　液面中心降温效果对比数据表

灭火剂		复合射流	3%型水成膜泡沫	3%型氟蛋白泡沫
测试数据项目	开始喷射瞬时温度/℃	117.9	116.5	114.5
	火焰熄灭瞬时温度/℃	70.4	68.2	82.1
	停止喷射瞬时温度/℃	40.4	64.8	74.1
	喷射时间/s	30	80	50
	降温幅度/℃	77.5	51.7	45
	降温速度/(℃/s)	2.58	0.65	0.9

三者降温效果的差异主要是由各自的灭火机理不同造成的。

(1) 泡沫类灭火剂主要是通过泡沫层完全覆盖液面隔绝油品与氧气，从而达到灭火效果。因此，泡沫灭火剂要达到降低液面中心温度的效果，主要分为三个阶段：

① 开始喷射泡沫时，由于泡沫射流要达到油池后壁，在喷射过程中，大量泡沫的破损吸热以及部分泡沫的散落，使液面中心的温度缓慢降低；

② 泡沫在有效降低油池后壁温度及液面温度，达到泡沫的有效覆盖温度后，泡沫覆盖层延展至液面中心，液面中心测温点温度迅速降低；

③ 泡沫覆盖层在析液过程中降低测温点温度。由于泡沫的析液时间长，降温并不是其主要的灭火机理，从而导致了其降温速度与降温幅度均不理想。水成膜泡沫由于水膜的存在，在延展速度和降温效果上要略优于氟蛋白泡沫灭火剂，但水成膜泡沫的分散性高，容易受风向风速的影响，在实验时水成膜泡沫射流的指向性不好，且抗烧性较差。

(2) 复合射流灭火系统中，主要起降温效果的是水系的微胞囊类灭火剂 KFR-100，其灭火机理集合了冷却降温、吸收自由基、泡沫与乳膜隔绝助燃剂等效果，尤其突出的是其能降低水的表面张力与迅速冷却降温，使得复合射流在喷射后能有迅速降低液面温度；其次，复合射流较强的降温效果也和其喷射方式有关，在高液面油池火灾中，复合射流的最佳射击范围靠近油池的前壁端，相比于泡沫的喷射方式，复合射流中的微胞囊类灭火剂覆盖的液面范围更大，也更容易接触到液面中心测温点，有利于快速降低液面中心测温点温度；另外，复合射流中的超细干粉有迅速压制火势，熄灭火焰的能力，也使得液面接受热源的时间更短，有利于微胞囊类灭火剂更好地发挥其冷却降温作用。

五、灭火时间与灭火剂用量对比分析

在整个扑救过程的灭火效果中，灭火时间与灭火剂用量是最为重要的衡量参数。本实验中，复合射流高喷车、泡沫高喷车使用复合射流、氟蛋白泡沫、水成膜泡沫共灭火三次，灭火后5min内观察有无复燃现象，并在此之后，进行再次点燃测试，观察灭火后液面是否可以再次点燃，以测试三种灭火方式的抗复燃效果。表4.7记录了三次灭火过程中的灭火剂类型、灭火剂流量、灭火剂使用量、控火时间、灭火时间、喷射时间以及抗复燃能力的具体情况。从灭火能力来看，复合射流的灭火时间远低于水成膜泡沫以及氟蛋白泡沫灭火剂的灭火时间。另外，复合射流也具备很强的控火能力，由于超细干粉的存在，复合射流喷射15s左右已基本控制绝大部分明火，极大地控制了油罐火灾的强辐射热对人员、装备以及邻近设备的威胁；氟蛋白泡沫在灭火时间上要优于水成膜泡沫灭火剂。

表4.7 灭火时间与灭火剂用量表

测试类型	灭火剂类型	灭火剂流量	灭火剂用量	控火时间	灭火时间	抗复燃能力
复合射流高喷车	HLK超细干粉	10kg/s	300kg	15s	21s	5min内无复燃现象，液面无法再次点燃
	KFR-100（3%配比）	60L/s	50L			
	水		1750L			
高喷水罐/泡沫车	3%型水成膜原液	80L/s	190L	49s	75s	5min内无复燃，液面拨开泡沫后，可点燃，随后即灭
	水		6200L			
高喷水罐/泡沫车	3%型氟蛋白原液	80L/s	120L	39s	45s	5min内无复燃，液面拨开泡沫后可再次点燃，复燃
	水		3900L			

从灭火成本来看，由于复合射流所用灭火剂成本较高，KFR-100属水系灭火剂，无发泡过程，因此，尽管其灭火时间较短，但灭火剂原液用量较两种泡沫灭火剂原液多。但从火灾造成的损失方面来看，由于复合射流灭火时间短，且远低于泡沫灭火剂的灭火时间，因而从火灾中燃烧的油品量、罐体的破坏程度、对邻近设备的威胁、对灭火人员装备的威胁以及造成火势扩大的威胁等方面来讲，都极大地减少了火灾损失。由此可见，尽管复合射流的灭火剂成本相对较高，但从

减少总的火灾损失的角度来讲，复合射流灭火技术要远优于泡沫灭火剂。其次，随着复合射流灭火技术的推广，复合射流所用灭火剂的产量必然增大，因此，其价格随使用量与使用范围的扩大而降低是可以预见的。另外，本实验所模拟的是 1000m^3 油罐火灾，随着油罐直径（燃烧范围）的扩大，复合射流与泡沫灭火剂灭火时间以及灭火剂用量上的差距将进一步加大，在某种程度上，缩小了复合射流与泡沫灭火剂成本上的差距。

从抗复燃情况来看，三次灭火过程中停止喷射后，三种灭火方式在 5min 内均无复燃现象，在拨开液面泡沫，以汽油进行再次点燃的过程中，复合射流无法点燃；水成膜泡沫虽可点燃，但由于泡沫合拢较快，随即熄灭；氟蛋白泡沫拨开泡沫后可点燃，并能持续燃烧、扩大。从上述结果中可见，复合射流与水成膜泡沫的抗复燃效果较好，尤其复合射流的喷射时间短，油池内的液体中的灭火剂含量并不高，其液面仍无法再次点燃，可见其较强的抗复燃能力。

第五章　复合射流消防车的设计与集成

超大型油罐区火灾扑灭在全国乃至全世界都是一个重大难题。如何快速有效地扑灭超大型油罐区火灾对消防装备提出了很高的要求。本章主要介绍 MX5420JXFJP36/SS 型举高喷射消防车，该车由明光浩淼安防科技股份公司与中国人民警察大学合作研发，以水为载体，通过复合系统，将“气体-超细干粉灭火剂-新型高效灭火剂”有机组合，并应用航空空气动力学原理使其以混合射流的形式从专用消防炮和专用消防枪内射出，具有灭火剂用量少、灭火速度快、灭火后抗复燃、节约环保的特点。由于喷出的灭火剂为复合形式，所以它兼具多种灭火剂的优点，是真正意义上的卤代烷替代技术，具有全方位、广谱灭火效应，可扑灭 A、B、C、D、E 、F 类火灾，在火灾现场，可根据不同的灭火对象、燃烧物质，选择相应的灭火技术，实现单相射流、双相射流和三相射流，是目前具有世界先进水平的消防高空灭火装备，主要用于高层建筑以及石油、化工、油罐、仓库等高大建筑物的火灾扑救。

第一节　MX5420JXFJP36/SS 型举高喷射消防车的设计

一、设计原则

① 底盘采用沃尔沃卡车公司生产的 FM540 84R B 型进口二类底盘。底盘发动机具有功率大、油耗低、可靠性高等特点。

② 消防泵选用美国希尔公司生产的 8FC-170 型消防泵，具有良

好的经济性和动力性，泵体大部分采用铝合金铸造，具有结构紧凑、整体重量轻、操作方便、可靠性高等特点，是目前国内外最好的消防泵之一。

③ 携带 4m^3 超细干粉，满足短时间内扑灭火灾的需要。

④ 整车需自带 3000L 水+3000L 抗复燃灭火剂。

⑤ 在设计时尽量采用现有成熟技术，提高通用化程度，降低成本。

二、设计研制

MX5420JXFJP36/SS 型举高喷射消防车采用 1 个 4m^3 卧式干粉罐，配备 15 个 80L 氮气瓶，使用 2 个 YQKG-866 型减压阀，整车厢体采用不锈钢材质焊接而成，中间门采用电控液压翻转，可配置多具空气呼吸器、备用钢瓶、防化服、隔热服、避火服及防毒面具，使消防员能适应各种火灾现场，其整车设计图和工作原理图分别如图 5.1 和图 5.2 所示，其核心技术主要包括七个方面：

图 5.1　MX5420JXFJP36/SS 型举高喷射消防车示意图

1. 车载高喷多剂联用喷射灭火技术

以消防车为载体，固设转台架与回转台，举升臂架前端设置喷射炮，中心回转体并列设置内外输出管并分别与管路和喷射炮连通，车内灭火剂储罐通过输送管路与内外输入管连通供送灭火剂，实现了喷射单一灭火剂或复合灭火剂的功能。

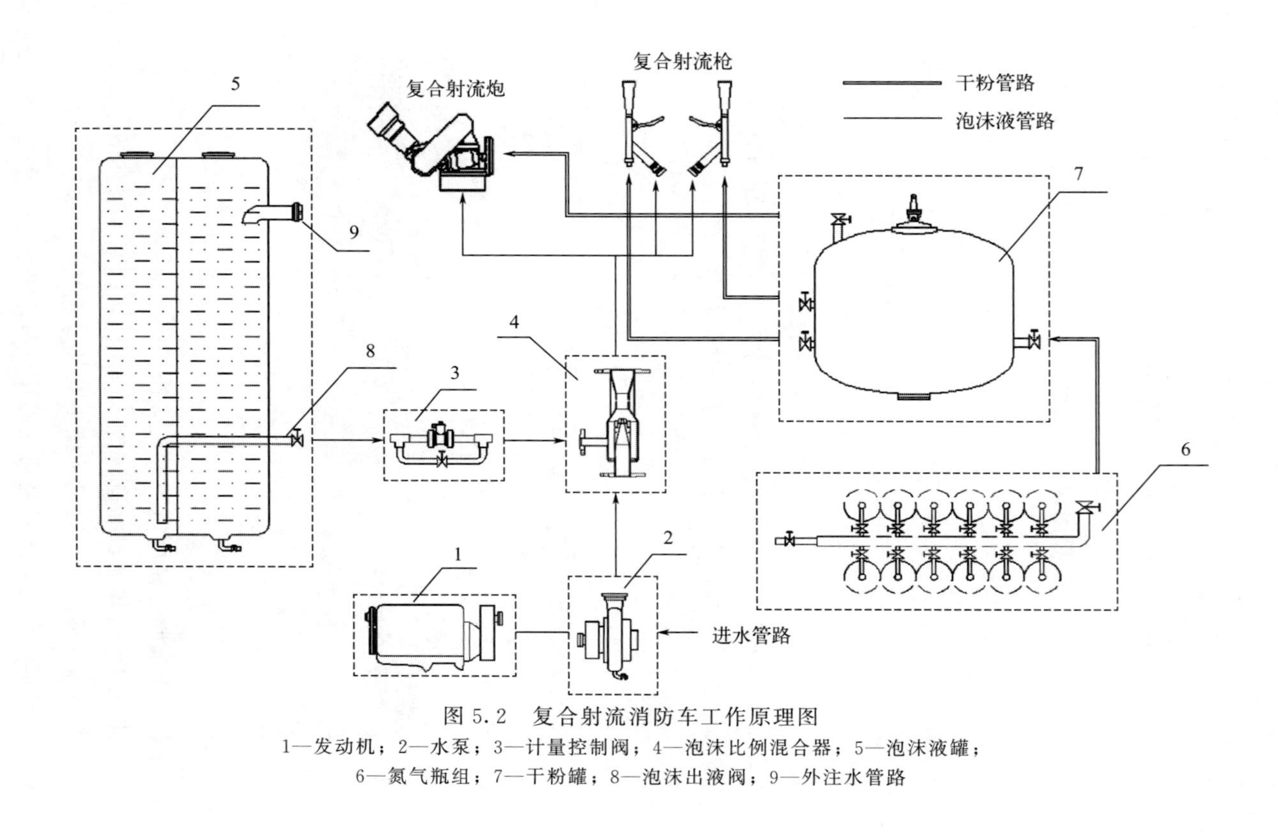

图 5.2 复合射流消防车工作原理图

1—发动机；2—水泵；3—计量控制阀；4—泡沫比例混合器；5—泡沫液罐；
6—氮气瓶组；7—干粉罐；8—泡沫出液阀；9—外注水管路

2. 多剂联用中心回转体输送技术

采用内管与外管独立同轴形式的输送管与回转阀体集成中心回转体，输入管与输出管之间均采用可转动式连接，管壁之间设置密封装置。通过中心回转体相关部件与回转台、转台架固连，可将多种灭火剂从固定装置输送至旋转装置。

3. 粉剂储罐内的粉剂沸腾技术

通过在粉剂储罐底部设置盘管和与盘管连通的竖立设置的锥管，在盘管上设置多根并列连通的分管，并在分管上连通有朝向储罐底部的斜管；斜管与锥管的出风口分别朝向盘管所圈定范围的内外部，实现将干粉扬起与锥管输出气体充分混合呈沸腾流体状态的功能。

4. 伸缩式粉剂输送管密封技术

以伸缩式臂架为载体，集成运动管、固定管、刮尘器、密封圈、上下支承等部件。通过部件之间的强化密封，避免了粉尘在管壁上的附着，减小了相对运动阻力，解决了高喷消防车所需粉剂的输送问题。

5. 复合射流灭火剂转发分配技术

设计了一种灭火剂转发分配器，内腔相通的上下联管分别与回转台架和回转台固连，上下联管内腔中同轴设置芯管并配有可转动的密封套管，上下联管分别径向连通上下旁通管。该技术集旋转、输送灭火剂于一体，大幅提升了超细干粉的有效输送高度，实现液相灭火介质与粉气混合物的瞬间组合功能。

6. 多剂炮管灭火技术

设计了一种多剂炮管灭火装置，包括动力系统及其相连的喷射装置。喷射装置上连接有呈同心圆设置的内外炮管，内炮管的外接口自外炮管的管壁径向延伸出管壁外，外接口经输送管路与灭火剂罐连通，并有独立的动力系统提供动力输出，实现多种灭火剂的复合喷射。

7. 灭火剂集成集输技术

设计了一种伸缩式输送粉管装置，伸缩臂由固定臂后部的伸缩油缸驱动，输送粉管由固定管和运动管组成，将固定管和运动管分别与固定臂和伸缩臂固联，实现了粉气混合物在管内高速运行与液相灭火介质协同喷射灭火的功能。

在上述技术的基础上，进行了整车集成，如图 5.3 所示。

(a) 整车形貌

(b) 支腿稳定系统

(c) 举高喷射臂架

图 5.3　MX5420JXFJP36/SS 型举高喷射消防车

三、解决的主要技术问题

① 消防泵是消防车的关键部分，是整车消防系统的心脏，其质量的优劣，直接影响整车的消防性能，设计中选用了美国希尔公司生产的 8FC-170 型消防泵，其耐用性、可靠性和连续运转性能等满足了设计任务书的要求。

② 器材箱设计更趋合理，提高了空间利用率。器材布置按灭火处置编成和设计。器材集成，按使用逻辑关系和使用频率放置器材，站在地面或踏板上，在 2 个动作内取用任何车载器材，水带放置采用奇偶式水带槽（非金属材料隔板）放置方式，方便救援人员取用水带，缩短救援准备时间。

③ 容罐采用 PP 罐材质设计、器材箱材质选用铝合金焊接，解决了整车自带灭火剂多而产生整车质量超过底盘最大允许载重的问题。

四、主要功能

1. 单相射流

单独喷射一种灭火剂［水/冷气溶胶（5～20μm 超细干粉）/KFR-100 预混液］。当扑救 A 类火灾或控制燃烧冷却降温或现场洗消时可单独直接用水；当扑救 B 类火灾并控制复燃时可单独用 KFR-100 预混液；当扑救 C 类或遇湿着火的物质火灾时可单独使用冷气溶胶。

2. 双相射流

同时喷射两种复合灭火剂，可任意选择：水＋KFR-100 或水＋冷气溶胶。均以水为载体，通过复合系统以专用消防炮或专用消防枪同时射出，一是解决了单独使用冷气溶胶喷射距离不远的问题；二是灭火剂喷到燃烧物表面，阻断氢游离基的连锁反应，抑制燃烧；三是利用气化水的潜热量，降低燃烧温度和可燃气体在燃烧区的百分含量，快速灭火。

3. 复合射流

同时喷射三种复合灭火剂（水、超细干粉和 KFR-100）。以水为载体将新型、高效、环保、复合灭火剂直击燃烧区。超细干粉对燃烧物有很强的抑制作用，水与 KFR-100 有强力的冷却作用，可瞬间降温，抗复燃效果极佳，从而在性能上达到相互兼容、优势互补，灭火速度和效率优势明显，特别适用于扑救石油、天然气、石油化工、煤化工和隧道等火灾。复合射流消防车不同喷射方式如图 5.4 所示。

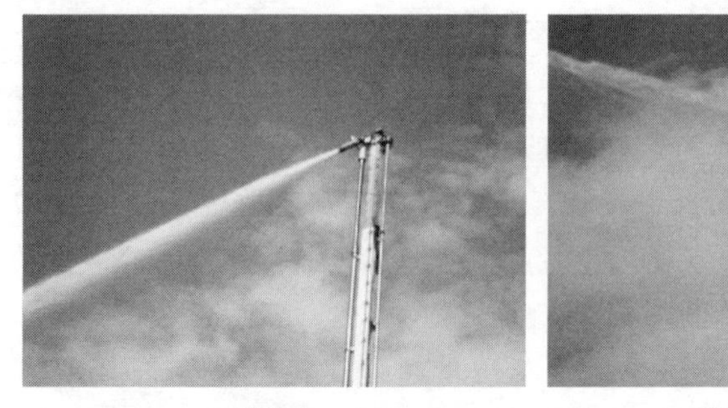

喷射水

喷射水与超细干粉

喷射超细干粉

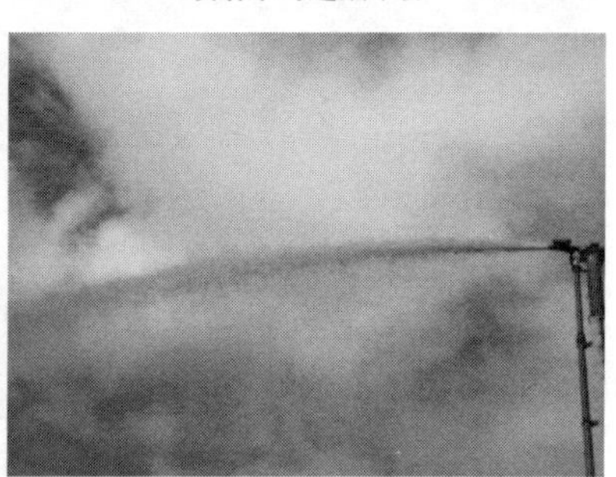

喷射水系灭火剂与超细干粉

图 5.4　复合射流消防车不同喷射方式

第二节　MX5420JXFJP36/SS 型举高喷射消防车技术参数

一、MX5420JXFJP36/SS 型举高喷射消防车主要结构特点

MX5420JXFJP36/SS 型举高喷射消防车选用沃尔沃底盘，装备美国希尔消防泵、法国 POK 消防炮以及 36m 的臂架装置。臂架可全方位回转，各机构性能均由液压驱动，操作简便灵活，消防实战灭火作业时展开迅速，运作平稳，安全可靠。该车还带有水罐、泡沫罐以及干粉系统，其主要结构特点如下：

（1）多功能消防炮：臂架顶端的多功能消防炮射程远、流量大，既可单独出水、泡沫或干粉，又可同时出水与干粉或泡沫与干粉的混合物，可以在距火源较远的位置独立完成救火作业。

（2）多功能电动卷盘：分布于器材箱的左右两侧，此装置可用来灭小火，而不需要使用臂架及消防炮。卷盘既可单独出水、泡沫或干粉，又可同时出水与干粉或泡沫与干粉的混合物，可以独立完成救火作业。

（3）一键式集成控制功能：车辆到达火场后，一人即可完成对车辆臂架、水泵、水炮、发动机的全部动作控制，极大地提高了作战效率。

（4）作业稳定性高：标配支腿稳定系统，避免了现役同类产品高喷作业时的车身晃动，提高了作业时的稳定性，安全感强。

（5）底盘及消防泵动力强劲：大功率发动机、大流量消防泵，可确保车辆行驶加速性优异，水炮连续输出流量达 7200L/min 以上。

（6）全不锈钢管路：整车的水路系统及粉路系统包括控制阀门均为不锈钢材料。

（7）内外蒙皮均采用铝板粘接，防腐、减重、美观靓丽。

二、MX5420JXFJP36/SS 型举高喷射消防车主要技术参数

MX5420JXFJP36/SS 型举高喷射消防车已通过国家消防装备质量监督检验中心依据《消防车第 1 部分：通用技术条件》（GB7956.1—2014）、《消防车第 12 部分：举高消防车》（GB7956.12—2015）、《专用汽车定型试验规程》（QC/T252—1998）、定远汽车试验场《汽车产品定型可靠性试验规程》进行的产品定型检验，整车的安全和法规性能符合国家标准和规范的要求，整车基本性能参数达到设计任务书的要求，消防性能符合企业标准的要求，底盘和消防部件的连接可靠，消防零部件的制造和装配质量符合企业标准要求。

MX5420JXFJP36/SS 型举高喷射消防车的主要技术性能参数如表 5.1 所示。

表 5.1　MX5420JXFJP36/SS 举高喷射消防车主要技术参数

序号	项目		参数及指标
1	通过性	最小转弯直径/m	≤26
		最小离地间隙/mm	288（前桥处） 327（后桥处）
		接近角/离去角/(°)	17/10

续表

序号	项目				参数及指标
2	动力性	最高车速/(km/h)			100
3	连续运转	额定工况		实验流量/(L/s)	110.3
				出口压力/MPa	1.5
				运转时间/h	6
		有关部位温度/℃			83.0
		工作性能			正常运转
4	消防性能	总载液量/kg			8000
		水/kg			3000
		泡沫/kg			3000
		干粉/kg			2000
		消防泵型号			美国 Hale 8FGR
		消防泵流量/[L/(s·MPa)]			170/1.03
		消防炮喷射	水	喷射压力/MPa	0.90
				流量/(L/s)	110.0
				射程/m	89.1
			KFR-100 抗复燃灭火剂	喷射压力/MPa	0.90
				混合液流量/(L/s)	110.0
				射程/m	88.1
				混合比/%	6.0
				发泡倍数	7.2
				25%析水时间/min	3.20
			ABC 超细干粉	干粉额定装载量/kg	2000
				干粉罐最高工作压力/MPa	1.4
				干粉罐最低工作压力/MPa	0.5
				充气时间/s	79.8
				有效喷射速率/(kg/s)	30.6
				剩粉率/%	11.8
			水平回转角/(°)		330
			俯仰角/(°)	最小俯角	−68
				最大仰角	+32

第六章　复合射流协同喷射性能的优化研究

利用同心圆式的复合射流喷射装置进行灭火实验时发现，在高压氮气驱动下的超细干粉与外管路的液相灭火剂在喷射口处存在较强的干涉作用，超细干粉在高压作用下破坏了液相灭火剂的环形裹挟作用，导致复合灭火剂协同喷射效果不佳，出现了超细干粉在喷射路径上大量发散的现象，直接影响复合射流的灭火效率，其喷射状态如图6.1所示。因此，开展复合射流协同喷射性能的优化研究对于进一步提高复合射流灭火技术的灭火效能具有重要的应用价值。为便于研究，本章以复合射流枪为研究对象，开展了优化设计与实验验证。

图 6.1　现有复合射流灭火剂的喷射状态（见彩插）

第一节　复合射流枪喷射性能的影响因素分析

对于射流的定义，是指流动体由某区域喷射出，流动到另一区域内的运动现象。射流从多个角度可以分很多种类型，其主要类型见表

6.1。当环境介质与射流同向运动时，这种在同向流动介质中运动的射流称为复合射流。

表 6.1　主要射流类型

分类角度	射流类型
物理性质	不可压缩射流、可压缩射流、等密度射流、变密度射流
流体流态	层流射流、紊动射流
喷射口形状	平面射流、圆形射流、矩形射流、方形射流
射流原动力	纯射流、浮力羽流、浮射流
射流环境	自由射流、非自由射流

一、复合射流枪外喷嘴对复合射流枪喷射与灭火性能的影响

影响复合射流枪喷射与灭火性能的因素多种多样。其中，复合射流枪外喷嘴张角的设计对喷射与灭火性能的影响较为关键，为了深入研究其对复合射流枪喷射与灭火性能的影响规律，需要深入地了解复合射流枪的整体结构。

复合射流枪装备结构，包括了喷射内管、喷射外管、进气接头、进液接头、内喷嘴、外喷嘴、均流片、空气卷吸孔。其中，内喷嘴作为高压氮气驱动下憎水型超细干粉灭火剂的喷射通道出口，外喷嘴作为水成膜泡沫灭火剂或 KFR-100 水系灭火剂的喷射通道出口，内外喷嘴分别处在两个独立的流道中。

在复合射流灭火剂协同喷射过程中，由于复合射流枪出口处灭火剂间存在较大的压力差，导致高压氮气驱动下的憎水型超细干粉与水成膜泡沫灭火剂或 KFR-100 水系灭火剂间发生较大的干涉作用，水成膜泡沫灭火剂或 KFR-100 水系灭火剂向外大量发散。

基于流体力学理论分析，当复合射流枪外喷嘴张开呈喇叭状时，复合射流喷射出口处大量发散的水成膜泡沫灭火剂或 KFR-100 水系灭火剂将在复合射流枪外喷嘴处进行回弹，同时由于在高压氮气驱动下憎水型超细干粉与水成膜泡沫或 KFR-100 水系灭火剂间较大的速度差产生的负压吸附作用，回弹后的水成膜泡沫灭火剂或 KFR-100

水系灭火剂逐步向高压氮气驱动下的憎水型超细干粉回流靠拢，降低了泡沫或水系灭火剂的发散量，但张角的设计同时增加了泡沫灭火剂或水系灭火剂的发散程度，因此需要对复合射流枪的外喷嘴张角进行合理设计。

综合考虑实际实验条件，在现有复合射流喷射装备的基础上，基于流体力学理论，利用 Fluen 软件对复合射流灭火剂在喷射口处的相互干涉过程进行了模拟计算；根据计算结果，对复合射流枪的喷射口结构进行了设计优化，并进行了实验验证。

二、灭火剂组合对复合射流枪喷射与灭火性能的影响

复合射流灭火技术实现了多种灭火剂间的协同喷射，发挥了灭火剂各自的灭火效果。基于憎水型超细干粉分别与泡沫灭火剂和水系灭火剂组合，根据流体力学的相关理论，两种灭火剂组合均对复合射流枪的协同喷射与灭火效果产生影响。

由于水成膜泡沫灭火剂与 KFR-100 水系灭火剂在密度、发泡倍数和抗消泡程度等理化性质上不同，在实际的复合射流协同喷射过程中，高压氮气驱动下的憎水型超细干粉对水成膜泡沫灭火剂或 KFR-100 水系灭火剂的干涉作用与吸附作用效果各不相同，而且不同灭火剂组合复合射流的灭火效果取决于复合灭火剂协同喷射情况与灭火剂的性能，因此需要对灭火剂组合进行合理优化。

第二节　复合射流喷射状态的模拟计算与分析

一、复合灭火介质物理参数

在混合流体的模拟过程中，喷射介质的相关参数是影响模拟结果的重要因素。对于复合枪喷射状态的模拟仿真研究，其灭火介质包括了高压氮气驱动下的憎水型超细干粉、水成膜泡沫灭火剂和 KFR-100 水系灭火剂，通过文献收集与实际调研，结合实际情况对灭火剂的参数进行了设定。模拟过程中，标定现场的气体压力为标准大气

压，模拟中的气体设置为氮气和空气；采用的水成膜泡沫灭火剂与KFR-100水系灭火剂均为低倍数发泡的灭火剂；超细干粉的粒径（D_{90}）为17μm。其中，水成膜灭火剂的成分见表6.2所示，相关技术性能指标见表6.3所示。

表6.2　水成膜灭火剂的成分

编号	成分	质量分数/%
1	氟碳表面活性剂	12
2	苯的硫酸盐表面活性剂	11
3	辛酸钠	13
4	二乙二醇醚	9
5	水	55

表6.3　水成膜泡沫灭火剂的技术性能指标（20℃）

灭火剂	项目	5号
水成膜灭火剂	密度	0.992
	pH	8.4
	发泡倍数	7
	黏度/cP	4.8
	凝固点/℃	−3

二、流体喷射模拟仿真流程

模拟仿真步骤如下：

（1）根据复合射流枪的实际结构，对原复合射流枪外喷嘴张角进行设计，分别按照0°、15°、25°、30°、35°张角向外伸长，除0°外其余各工况复合射流枪同心圆外出口管路水平方向的伸长量均为0.1m，基于上述设计内容，利用Soliderworks软件建立复合灭火介质喷射模拟区域的三维立体图形。

（2）根据模拟对象的特点，将Soliderworks软件制作出的step文件导入到ICEM软件中，通过ICEM软件对图形文件进行结构化网格的划分，最终，导出网格文件（msh）至各自工况设计下的文件中。

(3) 将ICEM软件得出的网格文件导入到Fluent软件中，依次完成网格检查、边界条件指定、初始条件设定与求解方法设定等工作。其中，复合射流灭火介质喷射模拟的主要相为高压氮气驱动下超细干粉，次要相为泡沫或水系灭火剂，其中，次要相泡沫或水系灭火剂的发泡倍数分别为7倍和3倍。高压氮气驱动端的压力为1.4MPa，泡沫或水系灭火剂驱动端的压力为0.5MPa。

(4) 选取模型进行计算，将处理的数据利用后处理的部分绘制出体积云图和相应的图表，分析复合灭火剂的发散程度与泡沫或水系灭火剂体积分数的变化情况，研究复合射流枪外喷嘴张角与灭火剂组合对复合灭火介质协同喷射效果的影响规律。

三、几何模型的建立

以复合射流枪为研究对象，利用Soliderworks软件建立三维仿真模拟模型。由于主要研究复合射流枪喷射过程中复合灭火介质的喷射状态，因此，在三维模型的建立上只选取了复合射流枪前端的出口部分，并在喷射出口外加设了圆柱体形状的灭火介质流动模拟区域。列举其中一个三维几何图形如图6.2所示。

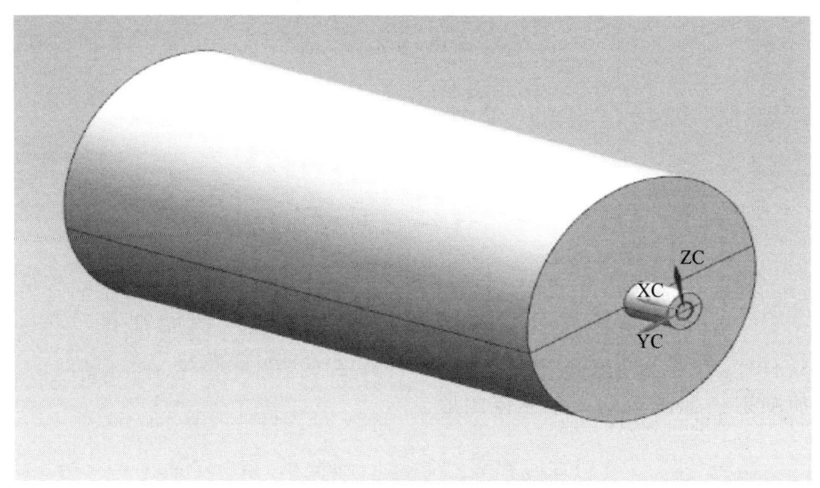

图6.2 三维几何图形

四、模型网格的划分及边界条件的设定

网格的精细划分跟图形的形状大小有关，对于某些关键的部位，特别是多相流中介质的拐点，其进行相应的加密处理才可以保证模拟计算的顺利进行。本文根据多相流模拟的特点，采取了将仿真模型进行结构化网格的设计处理。

模拟中用的模型均关于中心线对称，因此，在模拟模型的网格划分中，为方便网格的划分和后期的计算，将三维立体的图形转化为剖面中心线之上的二维图形。由于复合灭火介质主要集中在轴对称中心线附近，因此，在网格划分过程中，轴对称中心线附近区域被多倍加密，确保模拟过程中，模拟计算顺利进行。二维结构化网格图形如图 6.3 所示。

图 6.3 划分好的二维结构化网格

在划分好网格并选取了 ANSYS 的 Fluent 作为求解器之后，在 Output 面板中选取工具栏设定边界条件，具体见图 6.4 所示，右键点击 Parts 单元进行设计建设，本文设定了多个“部分”，其中包括中线、边框、流体区域、进入口 1、进入口 2 与外边界。

在结构化网格划分后，对划分好的网格进行质量检查（图 6.5）。网格质量的检查结果如图 6.6 所示，网格质量对应的数值集中分布在

数字 1 附近，对应的最小数值为 0.972，最大为 1，结构化网格质量整体较好。

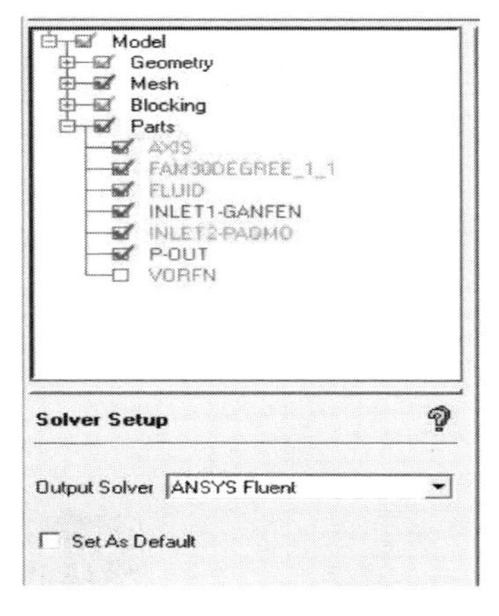

图 6.4　工具栏中边界条件的设定

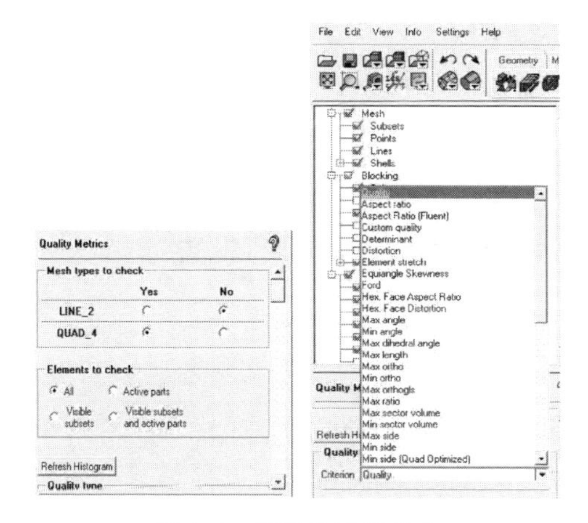

图 6.5　网格的质量检查

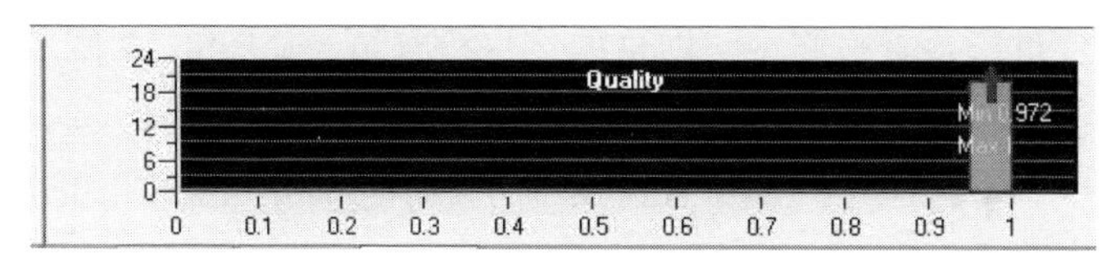

图 6.6　网格的质量检查结果

网格最大长度对应的数值均小于0.0014，网格尺寸较小，网格较为精细。网格最大长度的统计结果如图6.7所示。

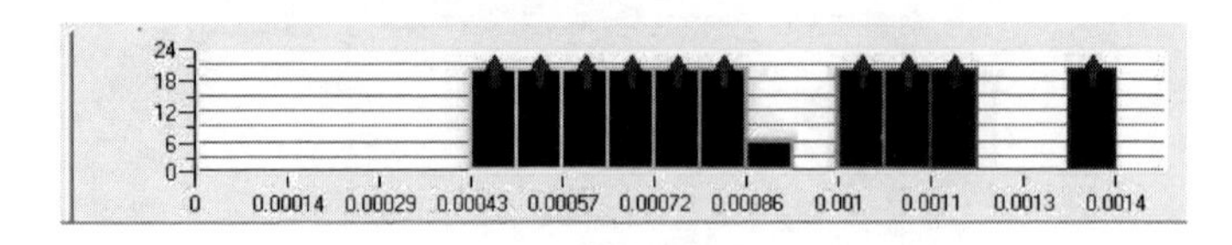

图6.7　网格的最大长度统计结果

网格扭曲率最小值为0.674074，最大值为1，一定程度上，证明了网格的结构化设计。网格的扭曲率统计结果具体如图6.8所示。

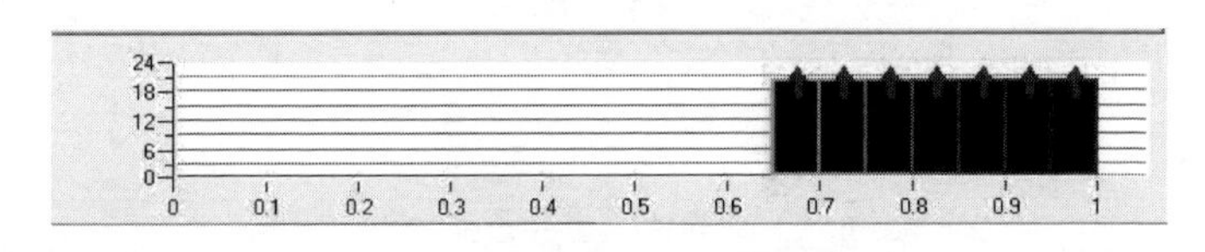

图6.8　网格的扭曲率统计结果

在网格检查完成后，通过ICEM软件生成适合于ANSYS Fluent的网格文件，通过Fluent软件对复合射流灭火介质喷射情况进行模拟仿真运算。

五、网格读取信息与求解器的设置

由于网格读取信息对于模拟的整个过程至关重要，决定了模拟结果的准确与否。在实际的模拟仿真过程中，需要利用ANSYS Fluent软件对ICEM建立的网格文件进行二次检查，对网格的信息与命令进行读取，其中，网格的基本信息、边界信息与流体信息如图6.9所示。

在网格的信息读取后，为顺利地进行模拟运算，需要对网格划分的正确性进行检查，其中，网格的信息检查结果如图6.10所示。

确认网格信息准确无误后，在对计算区域选取合适的求解器时，基于二维轴对称图形的模拟及流体部分随时间的变化关系，选取瞬态的模拟方式进行处理。

```
Console
   52934 quadrilateral cells, zone  8, binary.
  105226 2D interior faces, zone  9, binary.
     170 2D wall faces, zone 21, binary.
     467 2D axis faces, zone 13, binary.
      19 2D pressure-inlet faces, zone 11, binary.
      19 2D pressure-inlet faces, zone 12, binary.
     609 2D pressure-outlet faces, zone 14, binary.
   53577 nodes, binary.
   53577 node flags, binary.

Building...
     mesh
     auto partitioning mesh by Metis (fast),
     distributing mesh
          parts...,
          faces...,
          nodes...,
          cells...,
        bandwidth reduction using Reverse Cuthill-McKee: 12943/158 = 81.9177
     materials,
     interface,
     domains,
     mixture
     air
     paomo
     interaction
     zones,
     fluid  (air)
```

图 6.9　网格的部分信息

```
 Domain Extents:
   x-coordinate: min (m) = 0.000000e+00, max (m) = 4.370000e-01
   y-coordinate: min (m) = 0.000000e+00, max (m) = 1.000000e-01
 Volume statistics:
   minimum volume (m3): 9.223552e-08
   maximum volume (m3): 1.002707e-06
     total volume (m3): 4.053803e-02
 Face area statistics:
   minimum face area (m2): 2.494745e-04
   maximum face area (m2): 1.002550e-03
 Checking mesh.....................................
Done.

 Domain Extents:
   x-coordinate: min (m) = 0.000000e+00, max (m) = 4.370000e-01
   y-coordinate: min (m) = 0.000000e+00, max (m) = 1.000000e-01
 Volume statistics:
   minimum volume (m3): 9.223552e-08
   maximum volume (m3): 1.002707e-06
     total volume (m3): 4.053803e-02
 Face area statistics:
   minimum face area (m2): 2.494745e-04
   maximum face area (m2): 1.002550e-03
 Checking mesh.....................................
Done.
```

图 6.10　网格的信息检查结果

六、初始和边界条件的设置

在对多相流模型进行模拟运算前，基于模拟内容，对工况内的初始条件进行设计，即初始给定条件和运算的边界条件，并在模拟的工况设计中进行添加，为喷射过程中多相流的计算提供初始数值；所谓边界条件是指对计算区域的出入口和边界进行边界的划分，直接规定计算区域内的流场分布方向以及模拟工况范围的大小。本章对于初始条件的设计为高压氮气驱动端压力 1.4MPa；泡沫端入口压力 0.5MPa，具体设置情况如图 6.11 与图 6.12 所示。研究的边界条件设置主要包括高压氮气驱动下的超细干粉入口端、泡沫或水系灭火剂的入口端、灭火剂的出口端等。

模拟喷射出口位置选在流动处于强烈单向状态处，所有参数均由上游前端所确定，取压力出口型边界条件；模拟的中心线为原对称轴

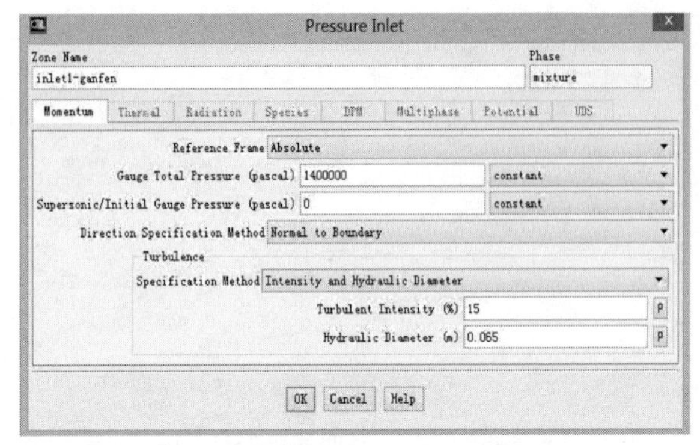

图 6.11　干粉灭火剂端边界条件参数的设置

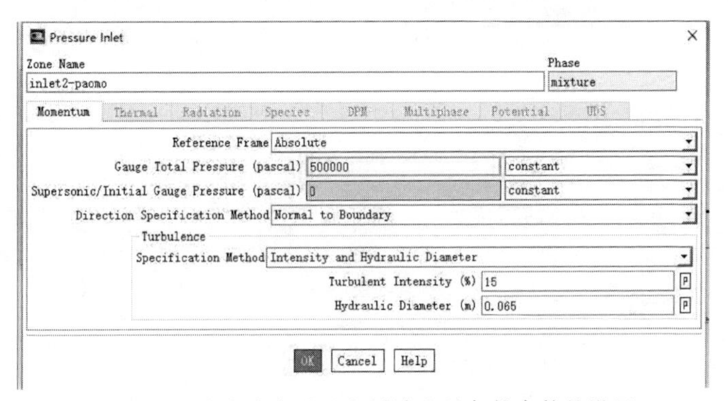

图 6.12　泡沫或水系灭火剂端边界条件参数的设置

所设置的部分；对于气体的部分，设置为无滑移的条件，在近壁面采用工程上常用的标准函数方法进行处理。

七、求解方法与控制参数的设置

为了顺利完成复合射流灭火介质的模拟仿真，需要选取合适的求解方法与控制参数相匹配，特别是对于松弛因子大小的设置。因此，需要在计算的过程中逐步调整松弛因子的大小。松弛因子过大，可能导致计算发散或不收敛情况的发生；松弛因子过小，将导致计算过于烦琐，耗时较长。在一些计算不易收敛的方程中，可以采用逐步调整松弛因子大小的方法，初期利用较高的松弛因子进行计算，后期逐步调低松弛因子，随着计算的深入，需要选取合适的松弛因子对模拟进行运算，确保模拟结果的科学准确。

八、模拟结果及分析

本文选取了喷射后第 1s 作为时间节点，对泡沫或水系灭火剂体积分数分布云图进行的截取，图 6.13 与图 6.14 右侧方框部分为复合灭火介质喷射的模拟区域，内部发散的线条为泡沫或水系灭火剂的流动路径，左侧数值与颜色线条区域为数值与颜色的对应表征，颜色线条从下到上对应的体积分数数值依次增大。

原复合射流枪基于憎水型超细干粉与水成膜泡沫灭火剂组合，复合射流喷射中水成膜泡沫灭火剂的体积分数分布云图如图 6.13 所示。

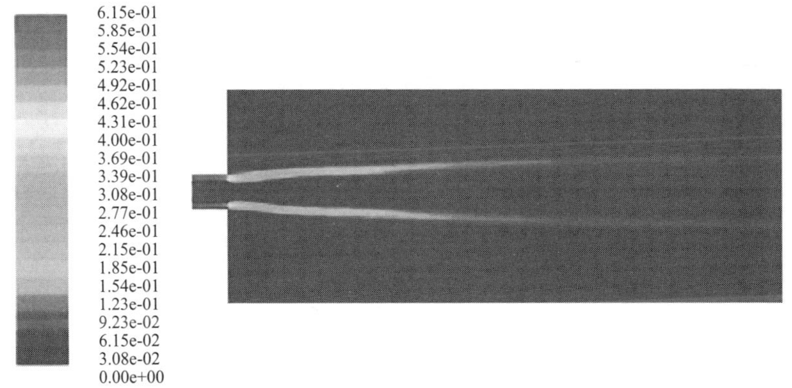

图 6.13　水成膜泡沫灭火剂体积分数分布云图（原复合射流枪，见彩插）

原复合射流枪基于憎水型超细干粉与 KFR-100 水系灭火剂组合，复合射流喷射中 KFR-100 水系灭火剂的体积分数分布云图如图 6.14 所示。

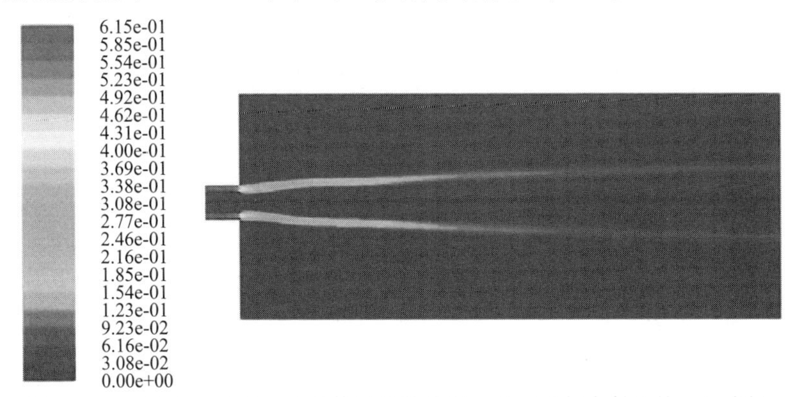

图 6.14　KFR-100 水系灭火剂体积分数分布云图（原复合射流枪，见彩插）

在复合射流喷射过程中，内部高压氮气驱动下的憎水型超细干粉会冲击外部的低压泡沫或水系灭火剂从而造成竖直方向上巨大的干涉作用，因此，在研究协同喷射的过程中，泡沫或水系灭火剂向外发散的程度可以作为表征复合射流协同喷射效果的参考指标。在相同条件下，泡沫或水系灭火剂向外发散程度越低，协同喷射效果越好，反之效果越差。

当泡沫或水系灭火剂从出口端喷出时，是复合灭火介质开始汇合的地方，由于内管路出口的高压介质流会向竖直方向进行扩散，从而形成了一段扩张区域，其间高压气体的能量被不断消耗，能量随之降低，泡沫或水系灭火剂向两侧扩张程度也随之减小。最终泡沫或水系灭火剂沿着与中心线倾斜的方向不断地向外运动迁移。

由于单一的截取线无法充分地说明发散情况，在喷射的过程中，沿着喷射方向在中心线上每隔 1m 分别设立三个基准点，以基准点为起点，沿着 Y 轴正向 0.5m 建立三条平行的截取线，三条截取线会被用到每个模拟工况中，在各个工况中，通过添加张角的具体数值来表征对应模拟工况的截取线。

当水成膜泡沫灭火剂或 KFR-100 水系灭火剂分别与憎水型超细干粉联用时，原复合射流枪外边界的复合射流喷射域中三条截取线 Line-1、Line-2 与 Line-3 所对应的线上各点的泡沫或水系灭火剂体积分数具体值分别如图 6.15 与图 6.16 所示。

由图 6.15 和图 6.16 可以看出，水成膜泡沫灭火剂和 KFR-100 水系灭火剂基于原复合射流枪分别与憎水型超细干粉联用时，其发散量相差不大。同时，随着喷射的不断进行，其体积分数峰值逐渐较小，泡沫和水系灭火剂愈发远离模拟工况的喷射出口，这在一定程度上体现了泡沫和水系灭火剂向外发散扩张的程度。需要注意的是，灭火剂分布关系中的三条曲线并非对称曲线，这是由于喷射过程中，介质间相互挤压和紊流等因素导致的。

当原复合射流枪外喷嘴张角为 15°时，基于憎水型超细干粉与水成膜泡沫灭火剂组合，复合射流喷射中水成膜泡沫灭火剂的体积分布云图如图 6.17 所示；基于憎水型超细干粉与 KFR-100 水系灭火剂组合，复合射流喷射中 KFR-100 水系灭火剂的体积分布云图如图 6.18 所示。

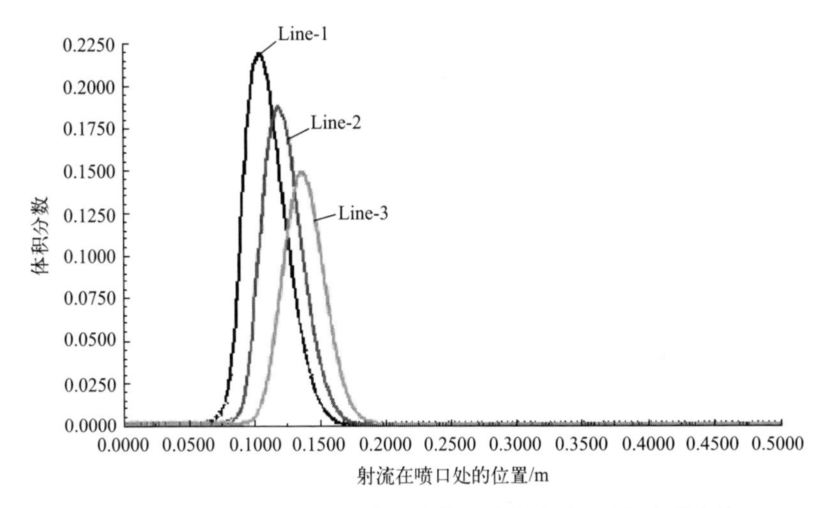

图 6.15 水成膜泡沫灭火剂体积分数的分布关系（原复合射流枪）

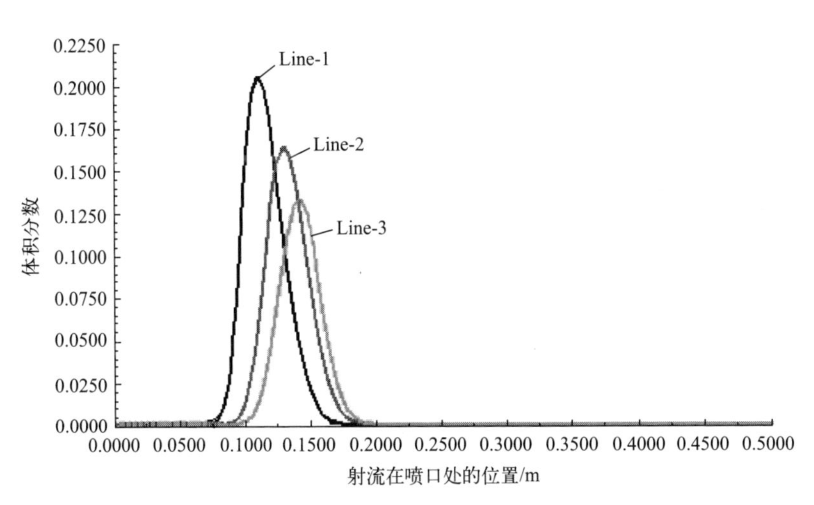

图 6.16 KFR-100 水系灭火剂体积分数的分布关系（原复合射流枪）

由图 6.17 和图 6.18 可以看出，在喷射过程中，外部管路的泡沫和水系灭火剂均经历了向外扩张与吸附回流两种情形。与原复合射流枪喷射过程相比，在初始阶段，灭火剂间均产生了较大的干涉作用，泡沫和水系灭火剂被管路内侧的高压气流沿着竖直方向上大量冲散。但由于张角组件的回弹作用，使得外部泡沫和水系灭火剂又朝着管路

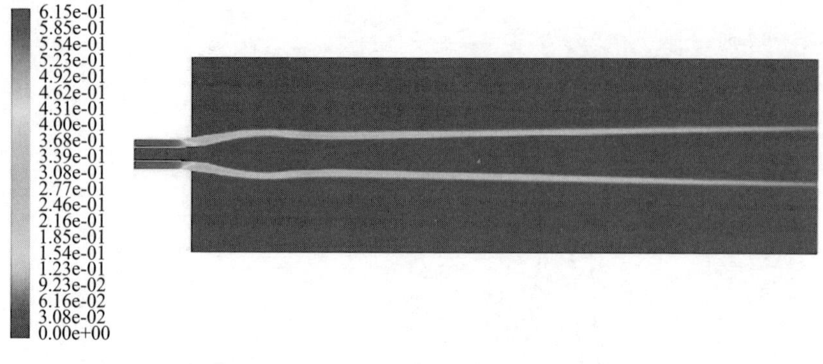

图 6.17　水成膜泡沫灭火剂体积分数分布云图（喷嘴张角为 15°，见彩插）

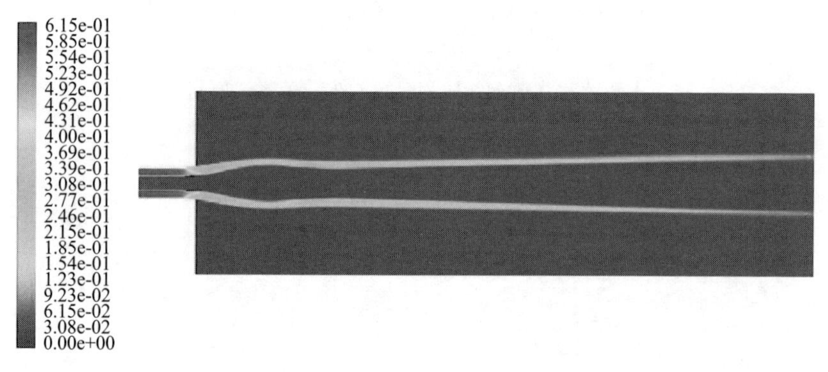

图 6.18　KFR-100 水系灭火剂体积分数分布云图（喷射张角为 15°，见彩插）

内侧方向回流，由于两者在竖直方向上干涉作用的降低与压力差产生的吸引作用，泡沫和水系灭火剂会随着内侧的高压气流的吸附作用跟随高压气流向前喷射，有利于复合射流的协同喷射。

当外喷嘴张角过大时，可能导致泡沫和水系灭火剂通过较大张角的外喷嘴所引流，影响多种灭火剂间的协同喷射效果。因此，复合射流枪外喷嘴张角大小与复合灭火剂协同喷射效果间存在着一定的影响规律。

当水成膜泡沫灭火剂和 KFR-100 水系灭火剂分别与憎水型超细干粉组合，复合射流枪外喷嘴张角大小为 15°时，优化后复合射流枪外边界的复合射流喷射域中三条截取线 Line-1、Line-2 与 Line-3 所对应的线上各点的泡沫或水系灭火剂体积分数如图 6.19 与图 6.20

所示。

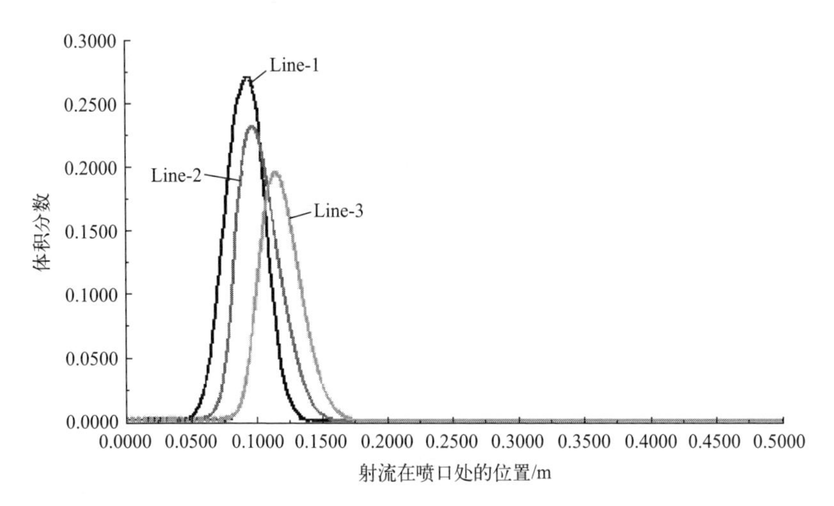

图 6.19 水成膜泡沫灭火剂体积分数的分布关系（喷嘴张角为 15°）

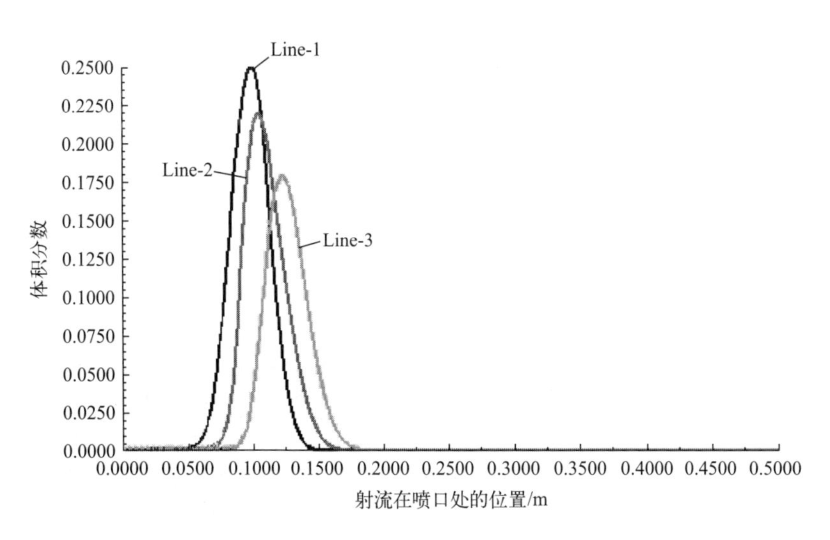

图 6.20 KFR-100 水系灭火剂体积分数的分布关系（喷嘴张角为 15°）

由图 6.19 与图 6.20 可以看出，基于优化后的复合射流枪，水成膜泡沫灭火剂和 KFR-100 水系灭火剂分别与憎水型超细干粉联用时，其发散量相差不大。同时，在喷射的模拟过程中，三条截取线上泡沫或水系灭火剂体积分数总体趋势为先降低后增加，验证了泡沫或水系灭火剂的体积云图。整体上看，复合射流枪外喷嘴张角为15°时，截取线上所对应的泡沫或水系灭火剂体积分数均高于原复合射流枪，整体协同喷射效果优于原复合射流枪。

当原复合射流枪外喷嘴张角为25°时，基于憎水型超细干粉与水成膜泡沫灭火剂组合，复合射流喷射中水成膜泡沫灭火剂的体积分布云图如图6.21所示；基于憎水型超细干粉与KFR-100水系灭火剂组合，复合射流喷射中KFR-100水系灭火剂的体积分布云图如图6.22所示。

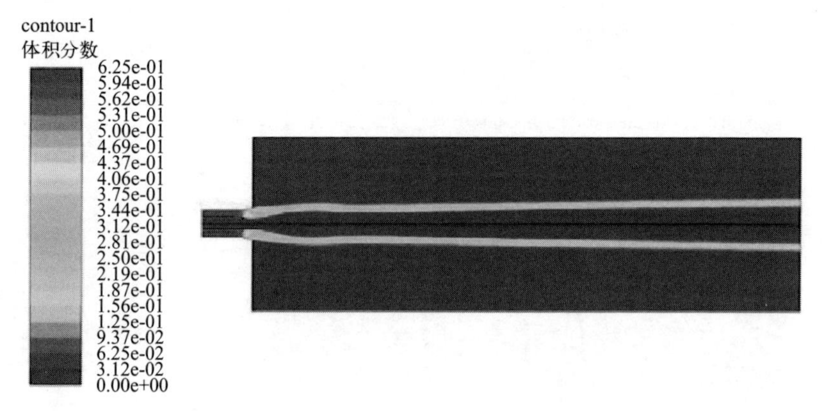

图6.21　水成膜泡沫灭火剂体积分数分布云图（喷嘴张角为25°，见彩插）

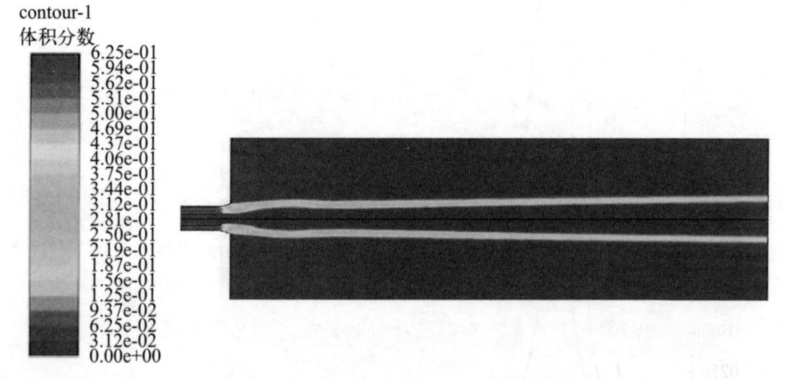

图6.22　KFR-100水系灭火剂体积分数分布云图（喷嘴张角为25°，见彩插）

由图6.21和图6.22可以看出，在复合射流喷射过程中，外部管路的泡沫和水系灭火剂经历了向外扩张与吸附回流两种情形。其中，吸附回流的作用区域较外喷嘴张角为15°时的模拟结果提前，相应地提高了复合射流的协同喷射效果。当水成膜泡沫灭火剂和KFR-100水系灭火剂分别与憎水型超细干粉联用，外喷嘴张角为25°时，优化后的复合射流枪外边界的复合射流喷射域中三条截取线Line-1、Line-2与Line-3所对应的线上各点的水成膜泡沫或水系灭火剂体积分数分别如图6.23与图6.24所示。

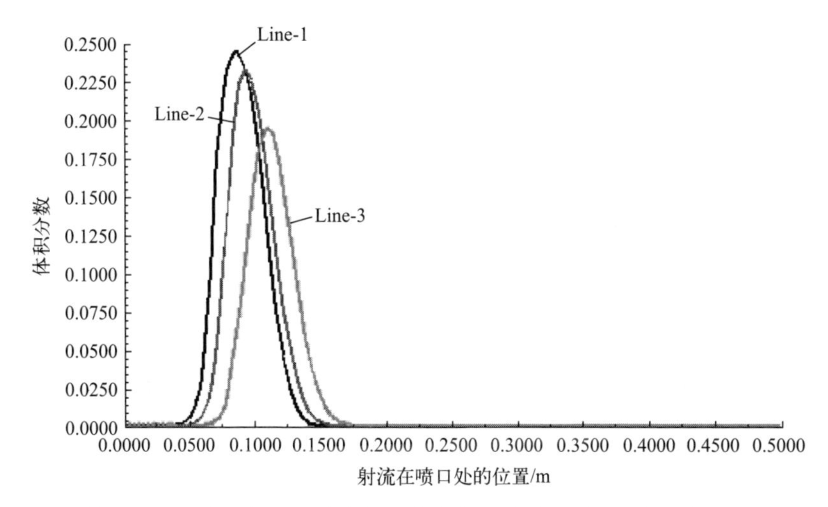

图6.23　水成膜泡沫灭火剂体积分数的分布关系（喷嘴张角为25°）

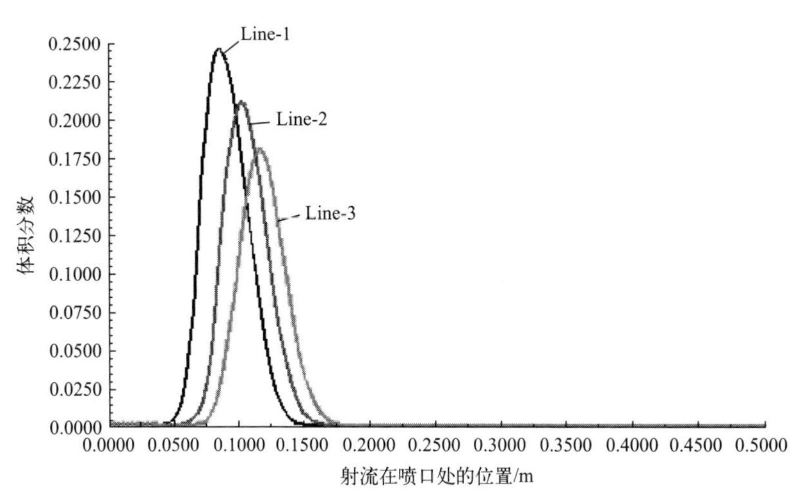

图6.24　KFR-100水系灭火剂体积分数的分布关系（喷嘴张角为25°）

由图 6.23 与图 6.24 可以看出，基于优化后的复合射流枪，水成膜泡沫灭火剂与 KFR-100 水系灭火剂分别与憎水型超细干粉联用时，其发散量相差不大。对于外喷嘴张角为 25°时的模拟结果而言，复合灭火剂协同喷射区域较前者更趋近于中心轴线，协同喷射效果优于原复合射流枪和外喷嘴张角为 15°时的模拟结果。

当原复合射流枪外喷嘴张角为 30°时，基于憎水型超细干粉与水成膜泡沫灭火剂组合，复合射流喷射中水成膜泡沫灭火剂的体积分布云图如图 6.25 所示；基于憎水型超细干粉与 KFR-100 水系灭火剂组合，复合射流喷射中 KFR-100 水系灭火剂的体积分布云图如图 6.26 所示。

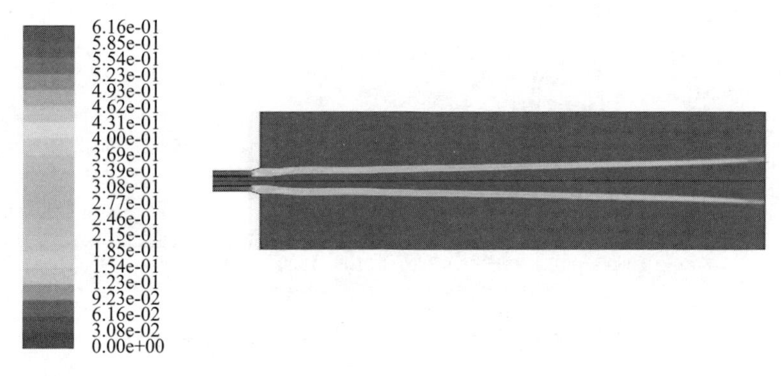

图 6.25　水成膜泡沫灭火剂体积分数分布云图（喷嘴张角为 30°，见彩插）

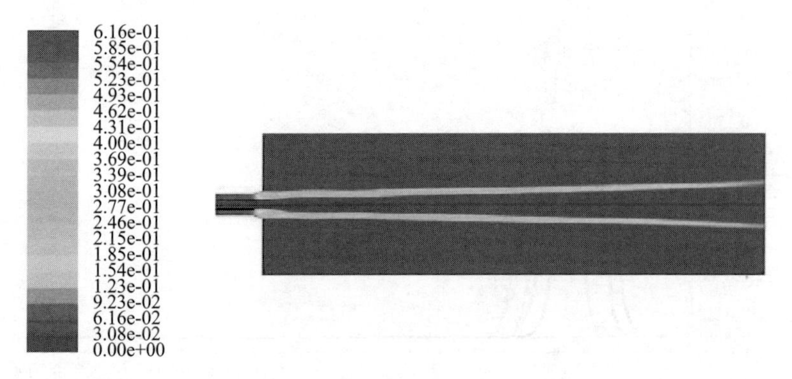

图 6.26　KFR-100 水系灭火剂体积分数分布云图（喷嘴张角为 30°，见彩插）

由图 6.25 和图 6.26 可以看出，在复合射流的喷射过程中，水成膜泡沫或水系灭火剂回流的区域较为贴近中心线，复合射流协同喷射效果较好。当水成膜泡沫灭火剂或 KFR-100 水系灭火剂分别与憎水型超细干粉联用，复合射流枪外喷嘴张角为 30°时，复合射流枪外边界的复合射流喷射域中三条截取线 Line-1、Line-2 与 Line-3 所对应的线上各点泡沫或水系灭火剂体积分数如图 6.27 与图 6.28 所示。

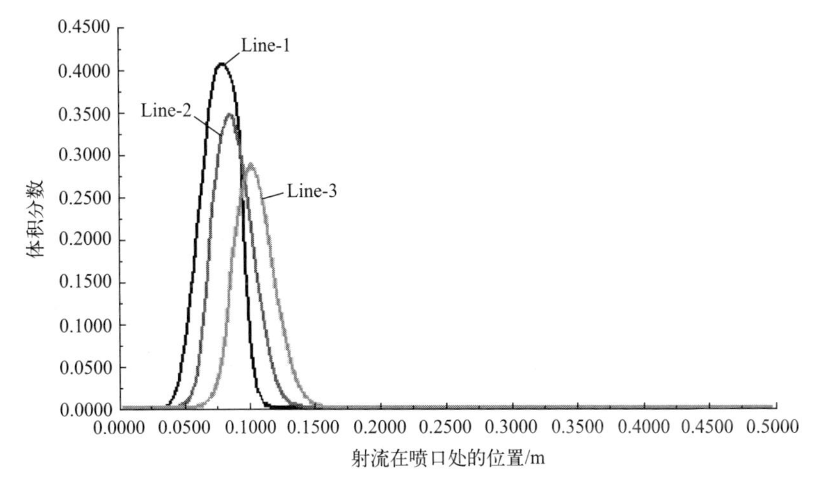

图 6.27　水成膜泡沫灭火剂体积分数的分布关系（喷嘴张角为 30°）

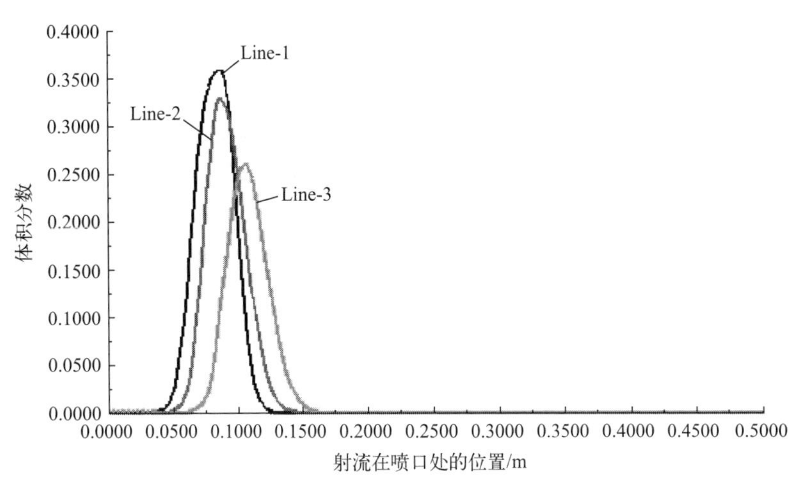

图 6.28　KFR-100 水系灭火剂体积分数的分布关系（喷嘴张角为 30°）

由图 6.27 与图 6.28 可以看出，基于优化后的复合射流枪，水成膜泡沫灭火剂与 KFR-100 水系灭火剂分别与憎水型超细干粉联用时，其发散量相差不大。对于复合射流枪外喷嘴张角为 30°时的模拟结果而言，复合灭火剂协同喷射区域趋近于中心轴线，协同喷射效果优于原复合射流枪、外喷嘴张角为 15°和外喷嘴张角为 25°时的模拟结果。

当原复合射流枪外喷嘴张角为 35°时，基于憎水型超细干粉与水成膜泡沫灭火剂组合，复合射流喷射中水成膜泡沫灭火剂的体积分布云图如图 6.29 所示；基于憎水型超细干粉与 KFR-100 水系灭火剂组合，复合射流喷射中 KFR-100 水系灭火剂的体积分布云图如图 6.30 所示。

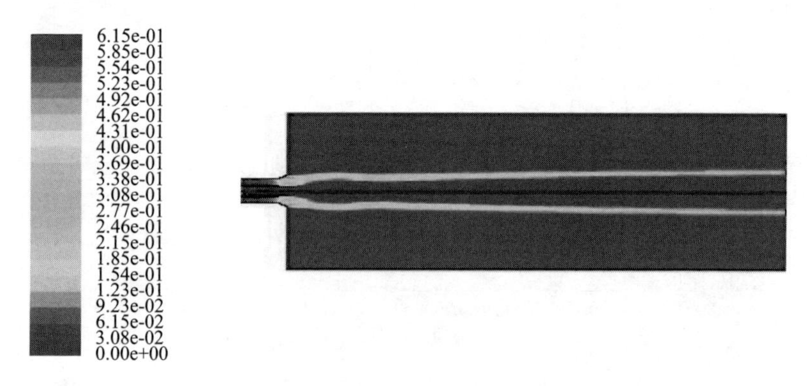

图 6.29　水成膜泡沫灭火剂体积分数分布云图（喷嘴张角为 35°，见彩插）

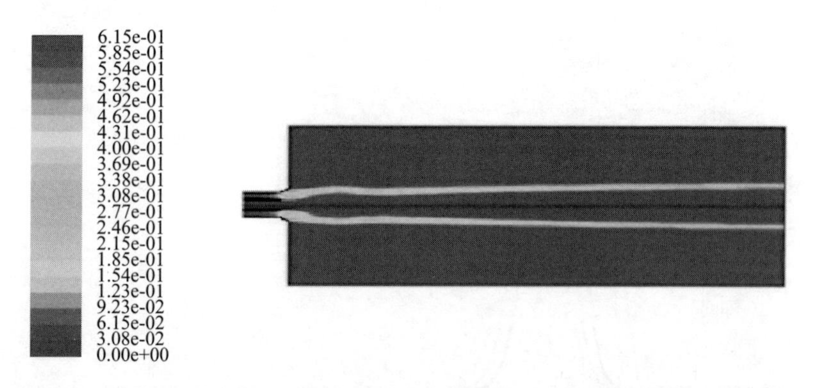

图 6.30　KFR-100 水系灭火剂体积分数分布云图（喷嘴张角为 35°，见彩插）

由图 6.29 和图 6.30 可以看出，在喷射过程中，由于水成膜泡沫或水系灭火剂被复合射流枪外喷嘴大量引流，使得泡沫或水系灭火剂的吸附回流量有所降低，泡沫和水系灭火剂的分布较为分散。当复合射流枪外喷嘴张角为35°时，水成膜泡沫灭火剂和KFR-100水系灭火剂分别与憎水型超细干粉联用时，优化后的复合射流枪外边界的复合射流喷射域中三条截取线Line-1、Line-2与Line-3所对应的线上各点的泡沫或水系灭火剂体积分数如图6.31与图6.32所示。

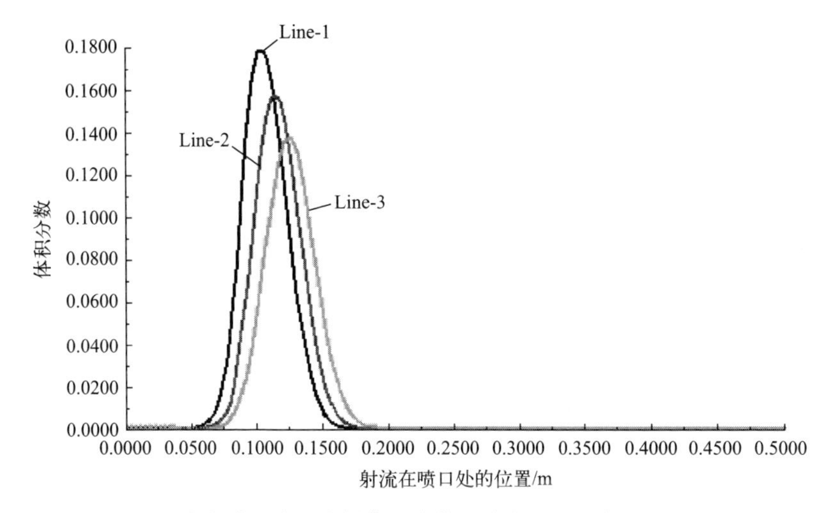

图6.31 水成膜泡沫灭火剂体积分数的分布关系（喷嘴张角为35°）

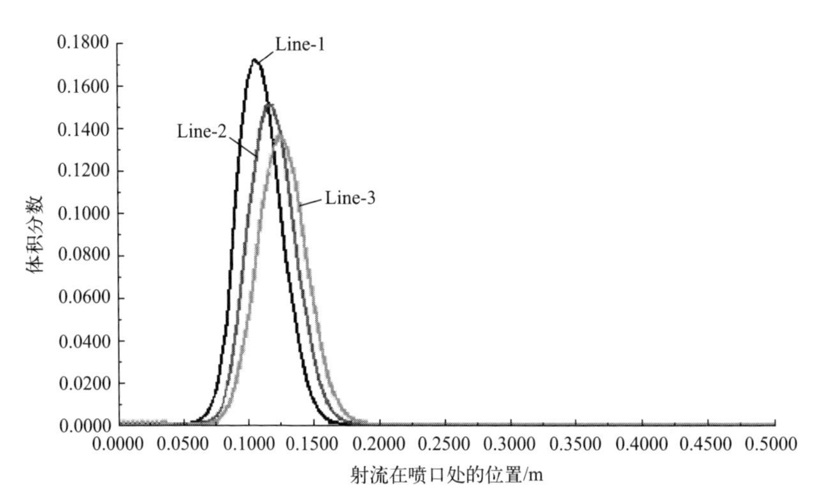

图6.32 KFR-100水系灭火剂体积分数的分布关系（喷嘴张角为35°）

由图 6.31 与图 6.32 可以看出，基于优化后的复合射流枪，水成膜泡沫灭火剂和 KFR-100 水系灭火剂分别与憎水型超细干粉联用时，其发散量相差不大。对于复合射流协同喷射的效果而言，其与原复合射流枪的协同喷射效果相接近。

对于憎水型超细干粉与水成膜泡沫灭火剂组合，基于复合射流枪外喷嘴分别为 0°、15°、25°、30°和 35°时，三条截取线上水成膜泡沫灭火剂最大发散量如图 6.33 所示；对于憎水型超细干粉与 KFR-100 水系灭火剂组合，基于复合射流枪外喷嘴分别为 0°、15°、25°、30°和 35°时，三条截取线上 KFR-100 水系灭火剂的最大发散量如图 6.34 所示。

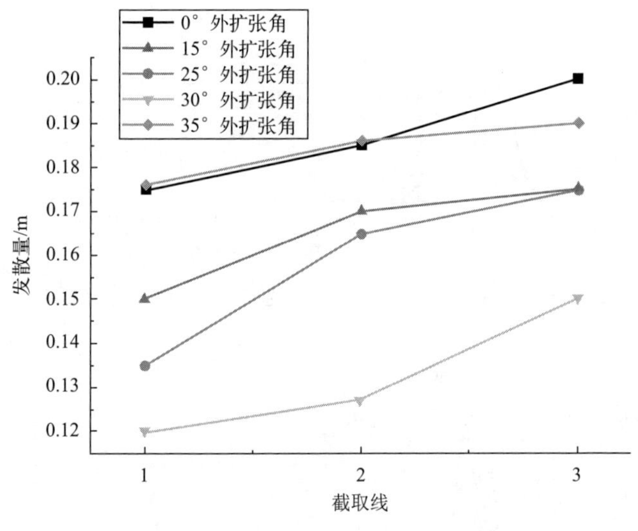

图 6.33　截取线上水成膜泡沫发散量

由图 6.33 和图 6.34 可以看出，基于憎水型超细干粉分别与水成膜泡沫灭火剂和 KFR-100 水系灭火剂组合，随着复合射流枪外喷嘴张角的增加，水成膜泡沫灭火剂或 KFR-100 水系灭火剂的发散量呈现出先降低后增加的规律，当复合射流枪外喷嘴张角为 30°时，灭火剂发散量较小。

对于憎水型超细干粉与水成膜泡沫灭火剂组合，基于复合射流枪外喷嘴分别为 0°、15°、25°、30°和 35°时，三条截取线上水成膜泡沫

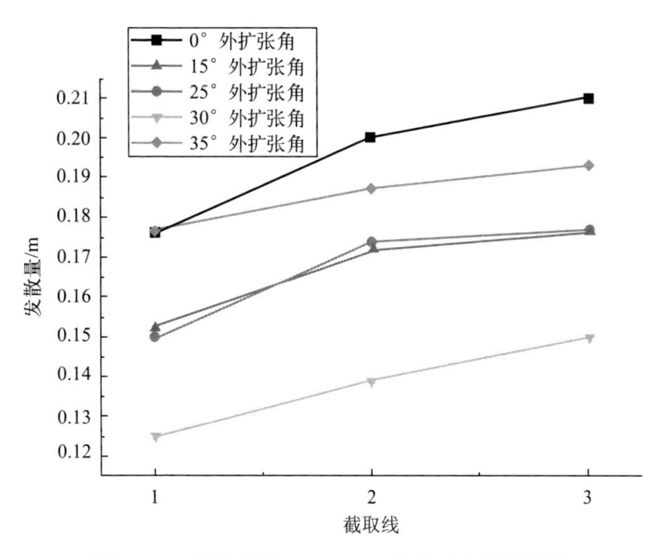

图 6.34 截取线上 KFR-100 水系灭火剂发散量

灭火剂最大体积分数如图 6.35 所示；对于憎水型超细干粉与 KFR-100 水系灭火剂组合，基于复合射流枪外喷嘴分别为 0°、15°、25°、30°和 35°时，三条截取线上 KFR-100 水系灭火剂的最大体积分数如图 6.36 所示。

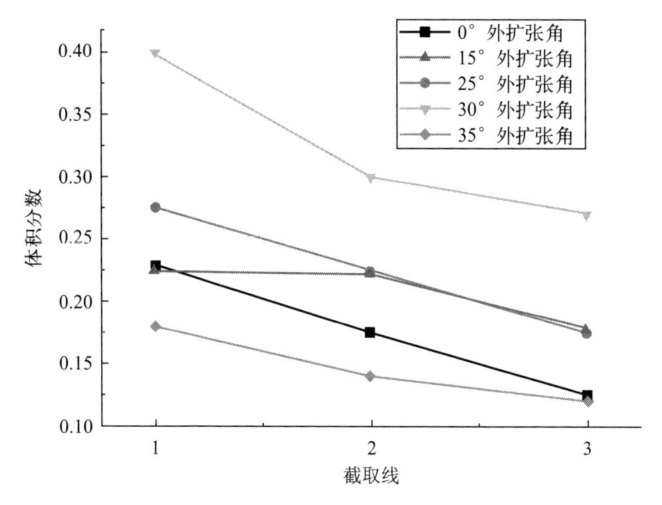

图 6.35 截取线上水成膜泡沫体积分数

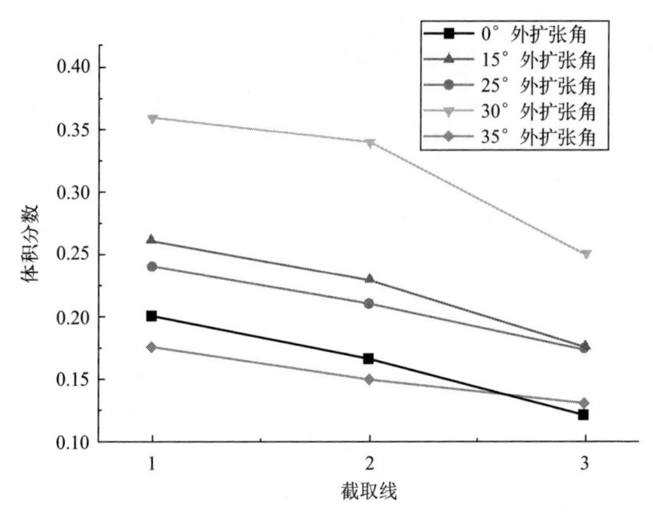

图 6.36　截取线上 KFR-100 水系灭火剂体积分数

由图 6.35 和图 6.36 可以看出，基于憎水型超细干粉分别与水成膜泡沫灭火剂和 KFR-100 水系灭火剂组合，随着复合射流枪外喷嘴张角的增加，水成膜泡沫灭火剂或 KFR-100 水系灭火剂的体积分数呈现出先升高后降低的规律，当复合射流枪外喷嘴张角为 30°时，灭火剂体积分数较高。

第三节　复合射流喷射优化设计的验证实验

根据模拟优化结果，对复合射流枪进行加工改进，通过冷喷实验对比改进前后复合射流枪的协同喷射效果，并验证模拟结果中复合射流枪外喷嘴张角和灭火剂组合对于复合射流枪协同喷射效果影响规律，可为进一步提升复合射流枪的协同喷射性能提供理论支撑。

一、复合射流枪的优化改进

1. 复合射流枪的结构

复合射流枪，作为一种复合射流灭火技术的喷射装置，其二维设计图和实物图分别如图 6.37 和图 6.38 所示。由图可知，复合射流枪的管路设计为相互分离的同心圆结构，干粉在高压气体的驱动下经内圆管路出口端喷出，泡沫或水系灭火剂经外圆管路出口端喷出；喷射外管以同心圆形状套在喷射内管上，外管末端焊接进液接头，喷射外管内部前端位置设有均流片；喷射内管作为超细干粉灭火剂的喷射通道，喷射内管与喷射外管形成的腔室作为泡沫或水系灭火剂的喷射通道；喷射外管前端沿圆周布置空气卷吸孔。在实际使用过程中，复合射流枪根据火灾现场情况进行单相流或多相流的切换，既可实现单一灭火剂的喷射，也可以实现多种灭火剂的协同喷射灭火，切换功能由枪口上端的流量开关控制，其中，干粉输送端的输出阀门由开关 1 控制，泡沫或水系灭火剂输送端的输出阀门由开关 2 控制，两开关互不干涉。

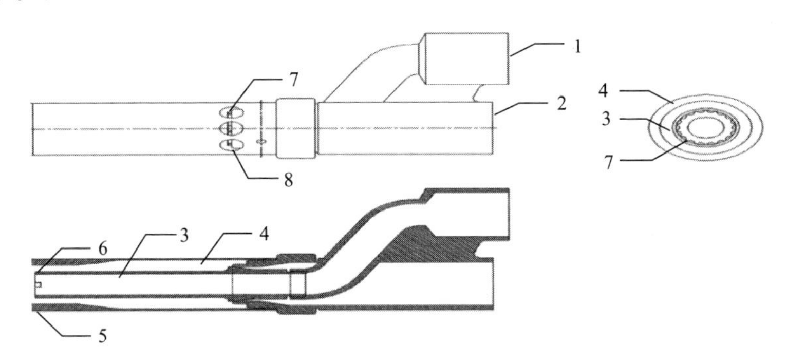

图 6.37　复合射流枪二维设计图

1—干粉流量开关；2—泡沫或水系流量开关；3—喷射内管；4—喷射外管；5—外喷嘴；6—内喷嘴；7—均流片；8—空气卷吸气

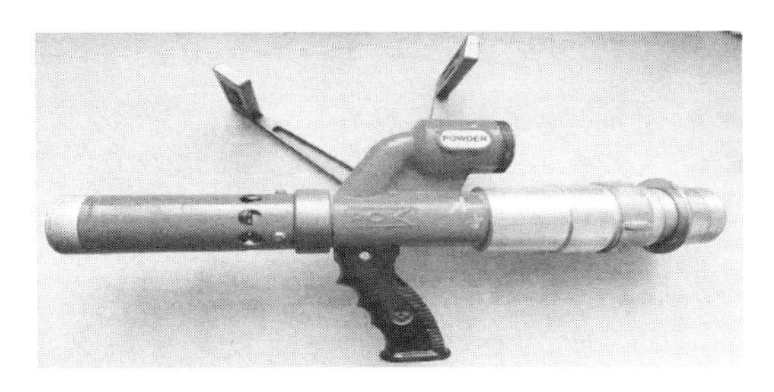

图 6.38　复合射流枪实物图

2. 复合射流枪的加工

复合射流枪喷射出口端的设计结构是影响喷射过程中多种灭火剂协同性的重要因素，其结构设计主要包括喷射出口端的口径尺寸、出口端同心圆内外圆面积比和出口端结构形状等。本文主要针对复合射流枪同心圆外部出口端的结构进行优化设计。

根据模拟分析结果可知，憎水型超细干粉分别与水成膜泡沫灭火剂和 KFR-100 水系灭火剂组合时，复合射流枪的外圆出口端水平斜向外延伸一定角度后，其复合射流协同喷射效果明显优于原复合射流枪。为了验证模拟结果的准确性，同时也是为了更好地研究复合射流喷射器具多相流喷射的协同效果，实验选取了模拟结果中较好的同心圆外出口端优化结构并进行加工，具体设计为同心圆外出口端沿着喷射中心线向外斜向延伸 30°，水平向外伸长量 0.1m。为了便于和原复合射流枪进行实验对比，复合射流枪优化加工选取配件安装的形式，配件底端采用螺纹设计，在不改变原复合射流枪的结构基础上，通过螺纹连接即可实现对原复合射流枪的优化改进，同时也可以为现有复合射流枪的批量化改进加工提供技术参考。具体设计图如图 6.39 所示，配件底端长度与原复合射流枪尺寸相匹配。

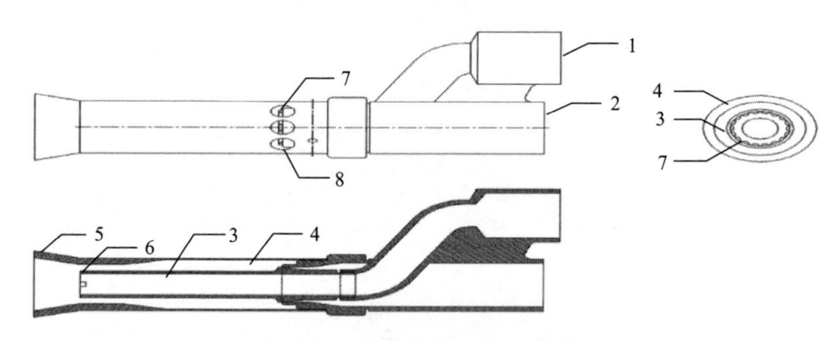

图 6.39　复合射流枪加工改造的设计图

1—干粉流量开关；2—泡沫或水系流量开关；3—喷射内管；4—喷射外管；
5—外喷嘴；6—内喷嘴；7—均流片；8—空气卷吸气

现有复合射流枪在与我国消防水带连接时有口径差异，因此在完成喷射出口端的优化加工后，需要对复合射流枪尾部接口端进行加工，保证转换接口的顺利连接，具体的加工成品如图 6.40 所示。

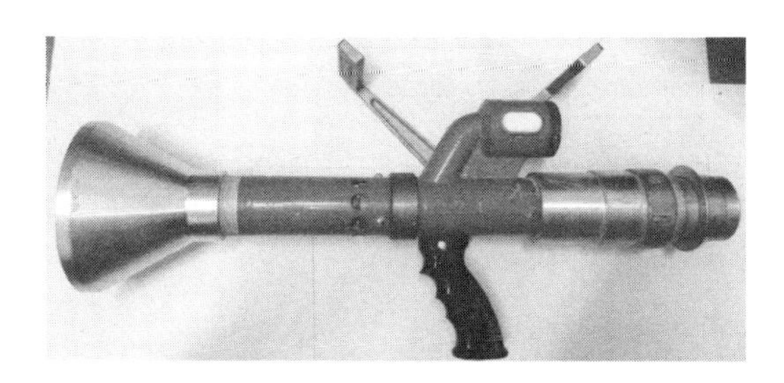

图 6.40　加工后的复合射流枪

二、灭火剂的选取

本验证性实验需要采用泡沫灭火剂和水系灭火剂分别与高压气体驱动下的憎水型超细干粉组合形成复合灭火剂。

1. 泡沫灭火剂的选取

复合射流的喷射过程，是外管路中泡沫混合液通过复合射流枪的空气卷吸孔发泡与复合射流枪中心端憎水型超细干粉复合喷射的过程。本实验主要针对复合射流喷射形态和喷射距离进行测定。因此，实验中所使用的泡沫灭火剂需要与憎水型超细干粉相互配合，具备抗消泡的特性。水成膜泡沫灭火剂由于添加了氟碳表面活性剂等组分，具有良好的抗消泡性能，其主要成分如表 6.4 所示。

实验选用的泡沫灭火剂为大连消防支队所配备的水成膜泡沫灭火剂，该灭火剂符合实验的相关要求，其中，实验用水成膜泡沫灭火剂的供给装置为泡沫消防车。

表 6.4　水成膜泡沫灭火剂主要成分及适用条件

类别	主要成分	适用范围
水成膜泡沫	氟碳表面活性剂	A 类火灾 部分 B 类火灾 可与干粉灭火剂联用
	碳氢表面活性剂	
	稳定剂	
	其他添加剂	

2. 水系灭火剂的选取

实验选取的水系灭火剂为 KFR-100 水系灭火剂，该灭火剂具有快速降温与灭火、抗复燃和环保等特点，能够把水的表面张力降到19mN/m以下，使凝聚的水珠进一步分散细化，增大了水珠的表面积、润湿表面积与蒸发面积，同时增强了水的渗透力与渗透程度，使水迅速渗透到可燃物质内部，快速降低着火物表面和内部的热量，从而达到快速灭火的目的。

由于实验过程中不便对消防车内的泡沫储罐进行灭火剂的替换。因此，实验采用手抬机动泵作为KFR-100水系灭火剂的输送动力源，同时设置手抬机动泵的供给压力与车载消防泵的供给压力相一致，确保实验条件的一致性。现场中用到的KFR-100水系灭火剂如图6.41所示。

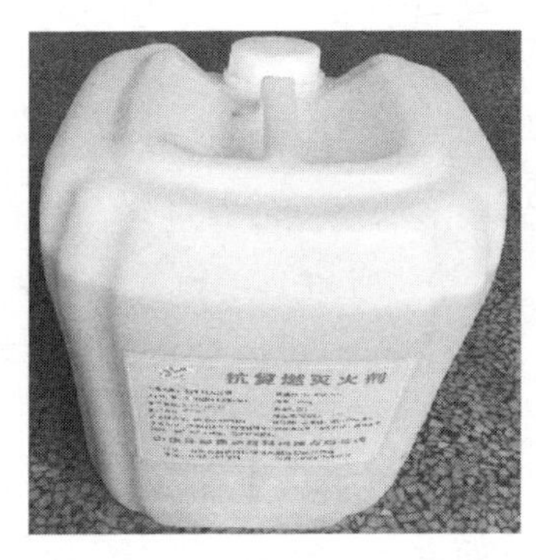

图6.41　实验用KFR-100水系灭火剂

3. 干粉灭火剂的选取

干粉灭火剂理化性质是影响其与泡沫或水系灭火剂复合射流协同效果的重要影响因素。干粉灭火剂颗粒越小，疏水性能越高，其对泡沫或水系灭火剂的消泡作用越弱，同时密度的降低使得其与泡沫或水系灭火剂的配合程度升高。综合考虑，实验选取了山东环绿康新材料科技有限公司生产的HLK憎水型超细干粉，其疏水性能达到了憎水程度，平均粒径为10μm，具有灭火速度快的特点，具体实物图如图6.42所示。

4. 干粉灭火剂驱动气源的选取

实验利用压缩气瓶为憎水型超细干粉提供动力，可供选取的压缩气瓶包括压缩空气瓶与压缩氮气瓶两种。由于空气具有助燃性，仅考

图 6.42　HLK 憎水型超细干粉

虑这一点，只能选取压缩氮气瓶作为干粉灭火剂的供气源，但根据相关文献可知，相同条件下，利用上述两种气瓶分别进行高压气体驱动憎水型超细干粉的喷射实验，测得距离枪口 2.60m 处氧气含量基本一致，其中，距离枪口 2.60m 处憎水型超细干粉灭火剂内的氧气浓度随时间的变化曲线如图 6.43 所示。考虑到实际喷射过程中的喷射距离远高于这个值，且两种压缩气瓶分别进行供给时，单独喷射憎水型超细干粉或复合射流时，二者的实际喷射距离相差无几。具体的喷射距离如表 6.5 所示。

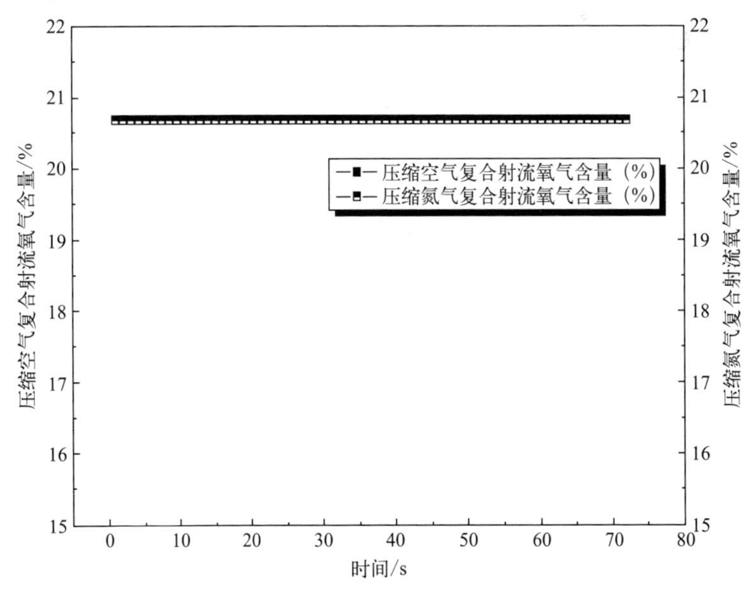

图 6.43　高压气体驱动干粉距离枪口 2.60m 处的氧气含量

表 6.5　两种喷射方式下灭火剂的喷射距离

喷射方式	平均值	两种气体喷射距离的变化量
压缩空气供压单独喷射干粉	3.86	0.1m（2.60%）
压缩氮气供压单独喷射干粉	3.76	
压缩空气供压喷射复合射流	10.24	0.05m（0.48%）
压缩氮气供压喷射复合射流	10.29	

通过对上述两种干粉驱动气源的分析不难看出，无论选取二者其中的任一气源，均满足此次验证性喷射实验的要求。但考虑到实际的喷射条件和实验场地的气瓶配置，实验选取高压氮气作为干粉灭火剂的驱动气源，其储存形式如图 6.44 所示。

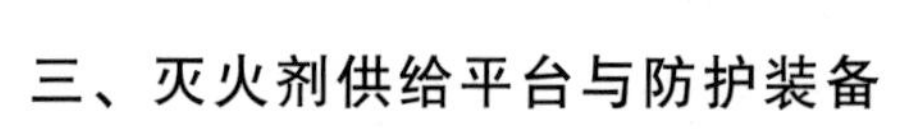

图 6.44　实验用压缩氮气瓶

三、灭火剂供给平台与防护装备

1. 干粉供给平台

实验采用自行设计加工的实验用干粉供给平台，其设计示意图和实物图如图 6.45 所示，部分实验装置的零件与参数如表 6.6 所示。

表 6.6　部分实验装置零件及参数一览表

名称	数量	用途	参数
干粉罐	1	干粉储存	容积 0.31m^3，耐压 2.0MPa
压力表	3	显示压力	直径 10mm，耐压 2.5MPa
减压阀	1	保护设备	泄压阀，额定压力 2.5MPa
氮气瓶	4	供给压缩气体	体积 8L
耐压导管	1	高压气体输送	长约 20m

由图 6.45 和表 6.6 可知，干粉供给平台主要由五部分构成，分别是干粉耐压容器储罐、压力读数表、罐顶泄压阀、压缩氮气钢瓶和橡胶耐压导管。其中，干粉耐压储罐是由厚度达 3mm 的钢材制成，设

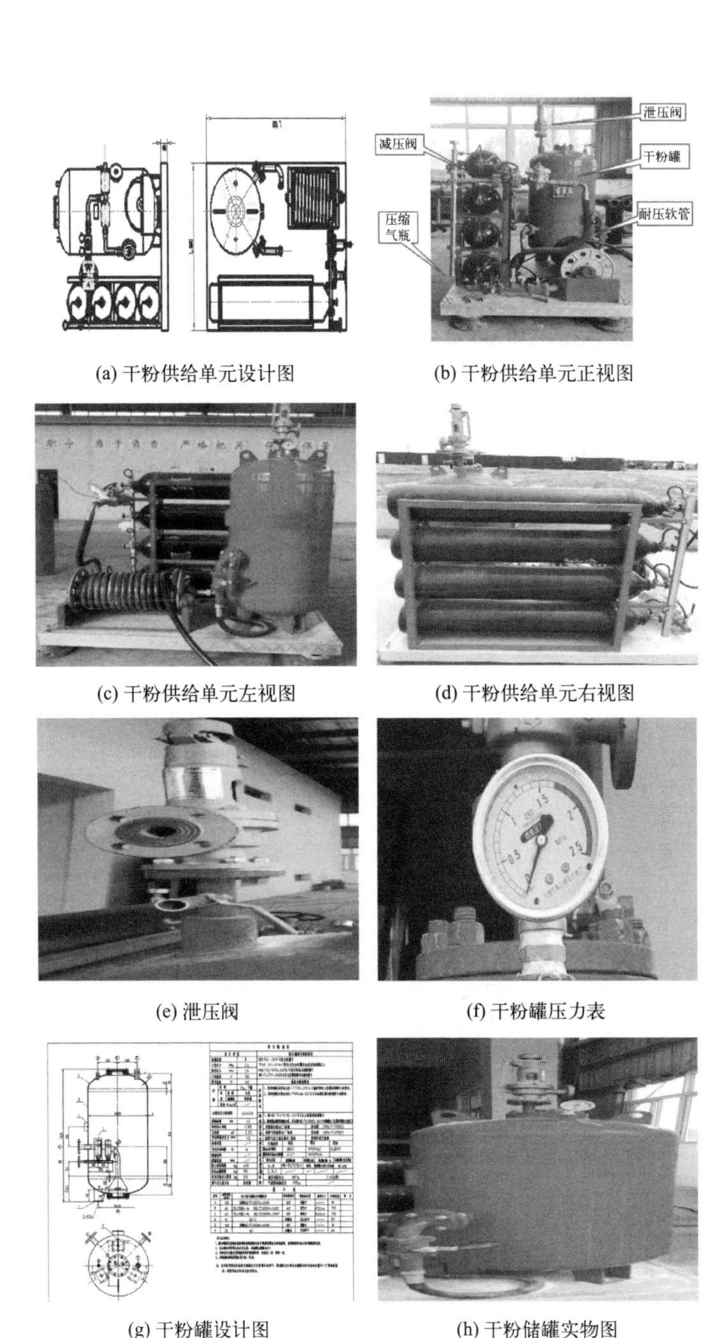

(a) 干粉供给单元设计图　(b) 干粉供给单元正视图

(c) 干粉供给单元左视图　(d) 干粉供给单元右视图

(e) 泄压阀　(f) 干粉罐压力表

(g) 干粉罐设计图　(h) 干粉储罐实物图

图 6.45　干粉供给模拟装置及部分组成单元设计图和实物图

计压力为 1.6MPa，实际耐压极限为 2.0MPa，满足实验中设计要求的 1.4MPa 供给压力；对于干粉罐体顶部的压力读数表，最大测量压力值为 2.5MPa，压力表读数会随着充压或泄压的同时迅速发生变化，实验人员通过观察压力表读数，确保压力值处在安全范围之内；对于罐顶泄压阀而言，旨在当干粉耐压储罐内的压力高于最大设计压力时，进行安全泄压，避免干粉耐压储罐爆炸事故的发生，危及实验人员的安全；对于橡胶耐压软管，总长度为 20m，可根据实验中喷射人员的位置设定进行长度调整。以上五种组件均被固定安装在同一个平台上，为方便运输转运，平台底部加装了四个金属垫块，分别位于四个方向的底脚。

2. 泡沫与水系灭火剂供给平台

实验过程中，选取泡沫消防车作为水成膜泡沫的供给平台，现场的大吨位泡沫消防车如图 6.46 所示。由于实验现场无法对消防车内泡沫储罐进行灭火剂替换，实验现场选取手抬机动泵作为 KFR-100 水系灭火剂的输送动力源。实验过程中，保证手抬机动泵供给压力与车载消防泵输出压力相一致，确保实验条件的一致性。手抬机动泵如图 6.47 所示。

图 6.46 大吨位泡沫消防车

图 6.47 手抬机动泵

3. 防护装备

实验过程中所使用的超细干粉灭火剂，在灌装与喷射的过程中，会弥散在实验人员周围，影响实验人员的健康，且传统的喷水除尘方式无法有效对其进行处理，因此，必须在超细干粉灌装和喷射过程中对实验人员进行呼吸防护，具体的防护措施为佩戴防尘口罩与佩戴带有护目镜的消防救援头盔。

四、实验条件与步骤

1. 实验场地

实验选取大连松木岛消防训练保障基地作为实验场地，该场地交通便利，且周边无居民楼、厂房和仓库等建筑，能够保证实验过程中装备转运安置与复合射流喷射实验的顺利开展，最大限度降低实验对群众生活的负面影响。

2. 天气条件

天气条件对协同喷射效果和喷射距离有一定影响，为保证实验的可靠性和重复性，需要对实验过程中的风力、温度和湿度进行条件一致性控制。实验过程中天气情况如下：

① 风速：小于 3m/s；

② 温度：15°；

③ 湿度：41%。

3. 实验步骤

① 实验设备安装调试。实验前，将实验平台通过吊车安置在实验场地，将氮气瓶依次放在干粉实验平台气体管路接入口附近；泡沫消防车或手抬机动泵设立在干粉喷射装置周边，在开始喷射实验前，预先喷射 20s，以便检查管路及连接处的气密性，同时排出管路残留的灭火剂，确保实验的准确性、可靠性和一致性；现场实验装置如图 6.48 所示。

② 干粉储罐充装氮气。将压缩氮气钢瓶竖直放置在干粉平台进气口一侧，通过高压铜管将氮气瓶与储罐气体接口进行连接后，将氮气充入干粉压力储罐。通过压力表控制干粉罐压力，当压力读数达到 1.4MPa 时，关闭氮气瓶控制阀门停止供气，静止观察 3min，检查压力表读数是否变化，确认了压力无变化后进行下一步实验准备。

③ 实验前装置检查。开始实验前，逐一对水带卡口、密封圈、实验开关等进行气密性检查，同时将秒表读数清零。

④ 测定复合射流协同喷射距离与发散角度。确定实验人员位置后，使优化前后的复合射流枪距离地面垂直高度为 1.60m，人员距

图 6.48　实验现场装置

离油盘前沿的长度为 8m，喷射方向为沿着地面方向水平向前，喷射时间为 30s，重复两次，选取泡沫或水系灭火剂大量落地的位置与持枪手之间的水平距离为复合射流有效协同喷射距离。另外，通过现场记录的照片，基于复合射流枪距离地面的垂直距离与人员距离油盘前沿的长度，依托图片中竖直方向上的比例关系，利用反三角函数，计算出油盘前沿上方处复合灭火介质的发散角度。

⑤ 实验间隔准备。在每组实验结束后，重新检查各组件的连接情况确保气密性，并对灭火剂的剩余量进行统计，同时，检查干粉储罐的压力表读数，确保实验条件的一致性。

⑥ 收整器材、打扫现场。实验结束后，第一时间收整各类器材装备，并组织人员对现场进行清理与回收，对地面上的粉尘采取黏纸吸附处理，避免实验对环境的污染。

五、实验数据误差控制

复合射流枪的协同喷射验证实验要求喷射条件的一致性，但在实际喷射过程中，干粉储罐内的压力、罐内干粉余量、管路内残余的干粉是造成实验误差的主要原因，同时，现场风力、温度、湿度等条件也会造成实验误差，因此，为减小实验误差，需要进行以下工作：

1. 干粉储罐压力控制

干粉储罐压力是干粉喷射参数的决定影响因素，随着干粉的喷射，干粉储罐内压力不断衰减，干粉的喷射参数也随之改变，实验中采用充装相同气流量和压力的方法确保干粉喷射参数随干粉储罐压力衰减之间变化关系的一致性。

在每组喷射实验结束后，对干粉储罐进行氮气的充压，此时，储罐内部压力逐渐升高，压力表指针缓慢移动。当压力表读数达到1.4MPa时，立即关闭氮气瓶出气阀门，静止观察3min，检查压力表读数是否发生变化，当确认压力表数值在1.4MPa后，完成氮气的充压工作。

2. 控制干粉填充量

在每一组喷射实验结束后，打开干粉储罐顶端的气体排空阀门进行排气，控制排空阀门打开程度确保顶部无干粉溢出。确定干粉储罐完全排气后，打开干粉顶部干粉填充口，重新充装干粉并确保充装量与上一次实验相同。

3. 实验环境条件控制

每组实验结束后，均需要重新进行实验准备，其时间间隔过长可能会导致现场环境条件发生变化，特别是风向与风力的改变会对实验结果造成误差。因此，要尽量缩短每一次的实验间隔，同时要对环境条件进行监测，尽可能地保证实验环境条件的一致性。

六、实验仪器操作规程与意外事故防护措施

（1）对于压缩氮气钢瓶的转运工作，为保证人员的安全，须由专门的危化品车辆进行转运，避免安全事故的发生；

（2）在灌装干粉灭火剂前，相关操作人员必须做好呼吸防护措施，第一时间佩戴防护口罩、护目镜和防护头盔，避免干粉进入身体内部造成呼吸疾病的发生；

（3）压力容器在充压之前，应确保各个螺钉已被拧紧，避免充压后，组件由于安装不牢固而导致人员受伤情况的发生；

（4）当干粉储罐的压力表读数过高时，应立即切断供给阀门，打开泄压阀门与喷射管路阀门，避免压力储罐物理爆炸导致人员受伤情况的发生。

七、实验验证内容

为便于比较复合射流枪优化前后的协同喷射性能，实验规定复合射流协同喷射有效距离为水成膜泡沫灭火剂或 KFR-100 水系灭火剂与憎水型超细干粉组合，首次脱离协同区域在地面上的垂直落点与实验喷射人员的水平距离。

实验验证内容主要包括：

(1) 基于原复合射流枪，水成膜泡沫灭火剂与憎水型超细干粉灭火剂组合，复合射流协同喷射距离的测定；

(2) 基于原复合射流枪，KFR-100 水系灭火剂与憎水型超细干粉灭火剂组合，复合射流协同喷射距离的测定；

(3) 基于优化后的复合射流枪，水成膜泡沫灭火剂与憎水型超细干粉灭火剂组合，复合射流协同喷射距离的测定；

(4) 基于优化后的复合射流枪，KFR-100 水系灭火剂与憎水型超细干粉灭火剂组合，复合射流协同喷射距离的测定。

八、实验结果与分析

复合射流有效喷射距离是指水成膜泡沫灭火剂或 KFR-100 水系灭火剂与憎水型超细干粉有效协同喷射的距离，它是衡量复合射流喷射性能的重要指标，同时也是实际火场中技战术应用和灭火阵地布置的重要参考依据。

基于水成膜泡沫灭火剂与憎水型超细干粉的组合，原复合射流枪的协同喷射情况如图 6.49 所示，基于 KFR-100 水系灭火剂与憎水型超细干粉的组合，原复合射流枪的协同喷射情况如图 6.50 所示

由图 6.49 和图 6.50 可以看出，以原复合射流枪为喷射器具时，水成膜泡沫灭火剂和 KFR-100 水系灭火剂分别与憎水型超细干粉组合，在复合射流喷射过程中，水成膜泡沫灭火剂或 KFR-100 水系灭火剂在喷射出口前端大量发散，其发散程度随着喷射距离的增加而不断增大；由图还可以看出，以原复合射流枪为喷射器具时，水成膜泡沫灭火剂和憎水型超细干粉组合的协同喷射效果略好于 KFR-100 水系灭火剂和憎水型超细干粉组合。

图 6.49　基于原复合射流枪水成膜泡沫灭火剂与超细干粉组合复合射流喷射情况

图 6.50　基于原复合射流枪 KFR-100 水系灭火剂与超细干粉组合复合射流喷射情况

以优化后的复合射流枪为喷射器具时，水成膜泡沫灭火剂与憎水型超细干粉组合的协同喷射情况如图 6.51 所示，KFR-100 水系灭火剂与憎水型超细干粉组合的协同喷射情况如图 6.52 所示

图 6.51　基于优化后的复合射流枪水成膜泡沫灭火剂与超细干粉组合复合射流喷射情况

由图 6.51 和图 6.52 可以看出，以优化后的复合射流枪为喷射器具时，水成膜泡沫灭火剂和 KFR-100 水系灭火剂分别与憎水型超细干粉组合时，水成膜泡沫灭火剂或 KFR-100 水系灭火剂在喷射出口前端的发散量较小，其发散量在油盘上方时才有所体现；由图还可以

图 6.52 基于优化后的复合射流枪 KFR-100 水系灭火剂与超细干粉组合复合射流喷射情况

看出，以优化后的复合射流枪为喷射器具时，水成膜泡沫灭火剂和憎水型超细干粉组合的协同喷射效果略好于 KFR-100 水系灭火剂和憎水型超细干粉组合。

为了进一步对比优化前后复合射流枪的协同喷射效果，实验分别采用有效喷射距离和发散张角对优化前后复合射流枪的协同喷射效果进行量化表征。对于复合射流有效喷射距离的测定，具体的方法为：固定参照物的位置与人员手持实验射流枪的高度，令实验人员分别操作原复合射流枪与优化后的复合射流枪进行喷射，两次喷射过程中，复合射流枪距离地面的高度均为 1.60m，喷射方向水平向前，喷射时间一致，均为 30s，选取泡沫或水系灭火剂和憎水型超细干粉分离的位置与持枪手之间的水平距离为复合射流有效协同喷射距离，两种复合射流枪基于两种灭火剂组合均重复 2 次实验，总计 8 次喷射实验，取平均值作为复合射流的有效协同喷射距离。

通过实际的测定，对复合射流的协同喷射距离进行了测定，测定结果如表 6.7 所示。

表 6.7 多条件下复合射流的喷射距离

喷射器具	灭火剂组合	平均值/m
原复合射流枪	水成膜泡沫灭火剂与超细干粉	10.8
	KFR-100 水系灭火剂与超细干粉	10.3
改进后的复合射流枪	水成膜泡沫灭火剂与超细干粉	14.8
	KFR-100 水系灭火剂与超细干粉	14.2

由表6.7可知，以原复合射流枪为喷射器具时，基于憎水型超细干粉分别与水成膜泡沫灭火剂和KFR-100水系灭火剂组合，两者复合射流有效协同距离分别为10.8m与10.5m，实际相差0.5m；以优化后的复合射流枪为喷射器具时，基于憎水型超细干粉分别与水成膜泡沫灭火剂和KFR-100水系灭火剂组合，两者复合射流有效协同距离分别为14.8m与14.2m，实际相差0.6m。在同种灭火剂组合时，优化后的复合射流枪在协同喷射距离上均有大幅度提升，均约为4m。

为了进一步探究复合射流协同喷射中复合灭火剂的发散情况，依托人员持枪高度1.6m这一参照点，通过参照物比例对喷射前方8m处灭火剂的发散张角进行测定。其中，以原复合射流枪为喷射器具时，基于水成膜泡沫灭火剂与憎水型超细干粉灭火剂组合，油盘前沿上方的发散张角标定如图6.53所示；基于KFR-100水系灭火剂与憎水型超细干粉组合，油盘前沿上方的发散张角标定如图6.54所示。

图6.53　基于原复合射流枪水成膜泡沫灭火剂与超细干粉组合灭火剂发散张角的测定

图6.54　基于原复合射流枪KFR-100水系灭火剂与超细干粉组合灭火剂发散张角的测定

由图6.53和图6.54可知，以原复合射流枪为喷射器具时，基于水成膜泡沫灭火剂与憎水型超细干粉灭火剂组合，油盘前沿上方灭火剂的竖直距离为2.4m；基于KFR-100水系灭火剂与憎水型超细干粉灭火剂组合，油盘前沿上方灭火剂的竖直距离为2.7m。基于两种灭火剂组合，在喷射前方8m处的灭火剂竖直距离相差为0.3m。以原复合射流枪为喷射器具时，水成膜泡沫灭火剂与憎水型超细干粉灭火剂组合协同喷射的效果略优于KFR-100水系灭火剂与憎水型超细干粉灭火剂组合。

以优化后的复合射流枪为喷射器具时，基于水成膜泡沫灭火剂与憎水型超细干粉灭火剂组合，油盘前沿上方的发散张角标定如图6.55所示；基于KFR-100水系灭火剂与憎水型超细干粉灭火剂组合，油盘前沿上方的发散张角标定如图6.56所示。

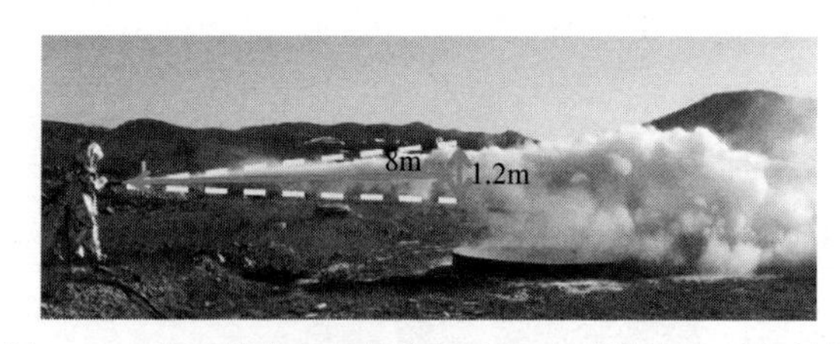

图6.55 基于优化后的复合射流枪水成膜泡沫灭火剂与超细干粉组合灭火剂发散张角的测定

图6.56 基于优化后的复合射流枪KFR-100灭火剂与超细干粉组合灭火剂发散张角的测定

由图6.55和图6.56可知，以优化后的复合射流枪为喷射器具时，基于水成膜泡沫灭火剂与憎水型超细干粉灭火剂组合，油盘前沿上方灭火剂的竖直距离为1.2m；基于KFR-100水系灭火剂与憎水型超细干粉灭火剂组合，油盘前沿上方灭火剂的竖直距离为1.5m。基于两种灭火剂组合，在喷射前方8m处灭火剂的竖直距离相差为0.3m。以优化后的复合射流枪为喷射器具时，水成膜泡沫灭火剂与憎水型超细干粉灭火剂组合协同喷射的效果略优于KFR-100水系灭火剂与憎水型超细干粉灭火剂组合。

对于同种灭火剂的组合，以原复合射流枪或优化后的复合射流枪为喷射器具时，二者在喷射前方 8m 处灭火剂的竖直距离差均为 1.2m，灭火剂在竖直方向的高度均缩短了近 50%，优化后的复合射流协同喷射效果大幅度提高。基于反三角函数，对复合射流协同喷射的灭火剂发散角度进行了计算，具体结果如表 6.8 所示。

表 6.8　多条件下复合射流发散张角的具体值

喷射器具	灭火剂组合	张角/(°)
原复合射流枪	水成膜泡沫灭火剂与超细干粉	17.1
	KFR-100 水系灭火剂与超细干粉	19.2
改进后的复合射流枪	水成膜泡沫灭火剂与超细干粉	8.6
	KFR-100 水系灭火剂与超细干粉	10.7

第四节　复合射流喷射装置的灭火性能对比实验

复合射流灭火技术作为一种新兴的灭火技术，其灭火性能的提升有助于其更好地在大型石化火灾中发挥作用。本节利用油盘火灭火实验，测试分析了复合射流枪外喷嘴结构与不同灭火剂组合对复合射流灭火性能的影响。

一、复合射流枪灭油盘火实验设计

实验以油盘火为灭火测试对象，按照前述冷喷实验的工况条件，采用压缩氮气驱动憎水型超细干粉，分别与水成膜泡沫灭火剂和 KFR-100 水系灭火剂联用，形成复合射流灭火剂，进行灭火实验测试。

实验参考《干粉灭火剂》（GB 4066—2017）灭 B 类火标准实验方法，以及《泡沫灭火剂》（GB 15308—2006）中的灭火实验设备，并结合复合射流枪喷射强度等实际情况，选取钢质油盘火来模拟实际中的全液面敞开式油罐火灾现场。油盘示意图如图 6.57 所示，其中，直径 3.44m，壁厚 2.5mm，壁沿高 15cm。

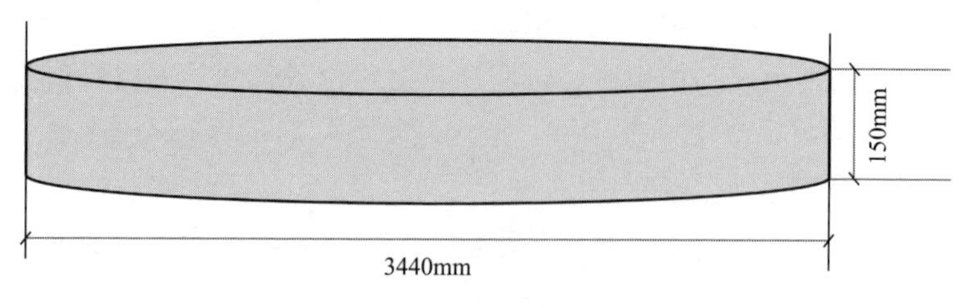

图 6.57 实验油盘示意图

二、实验研究内容

实验以直径为 3.44m 油盘火为扑救对象，利用优化前后的复合射流枪，对憎水型超细干粉分别与水成膜泡沫灭火剂和 KFR-100 水系灭火剂组合进行了灭火实验对比，具体实验内容如下：

（1）基于原复合射流枪，水成膜泡沫灭火剂与憎水型超细干粉灭火剂组合，复合射流协同喷射灭火时间的测定；

（2）基于原复合射流枪，KFR-100 水系灭火剂与憎水型超细干粉灭火剂组合，复合射流协同喷射灭火时间的测定；

（3）基于优化后的复合射流枪，水成膜泡沫灭火剂与憎水型超细干粉灭火剂组合，复合射流协同喷射灭火时间的测定；

（4）基于优化后的复合射流枪，KFR-100 水系灭火剂与憎水型超细干粉灭火剂组合，复合射流协同喷射灭火时间的测定。

三、实验装置

1. 燃烧装置

实验所用燃烧装置为直径 3.44m 的油盘，实验中将油盘放置于平整地面并远离干粉喷射装置与消防车的停放位置。为保护油盘，在油盘底部注入适量水，同时将油盘周围进行喷水处理以确保安全，实验准备过程中向油盘内注入适量清水如图 6.58 所示。

2. 灭火剂供给平台

复合灭火剂的供给平台包含三个实验装置，分别是干粉供给装置、泡沫供给平台与水系灭火剂供给平台，干粉灭火剂、泡沫灭火剂和 KFR-100 水系灭火剂供给装置供采用前述复合射流优化设计的验

图 6.58　实验油盘

证实验所用装置，且采用相同的装置供给参数。

3. 实验记录装置

采用摄像机来记录实验过程，主要是对复合射流的灭火过程、复合灭火剂对火焰的抑制现象等进行实时记录，便于后期的数据整理和分析。

4. 测量装置

采用米尺测量实验中的灭火人员与油盘前沿的距离以及实验人员手持复合射流枪的垂直高度；采用秒表测量并记录实验的控火时间和灭火时间，以及实验准备阶段泡沫或水系灭火剂的预喷时间。

5. 热成像仪

传统的热电偶由于在测温的过程中只能对区间的点进行温度的测量，因此具有较大的局限性，而热成像仪的测温过程是全局域测温，可以监控整个火场的温度变化。为了有效地分析复合射流灭火技术在灭火过程中对整个火场的降温情况，实验采用热成像仪对灭火实验过程中油盘火的温度变化情况进行测量，实验用热成像仪如图 6.59 所示。

四、实验步骤

1. 实验设备安装调试

灭火实验前，将干粉喷射装置与直径 3.44m 油盘通过吊车放置

图 6.59　FLIR 热成像仪

于实验场地，将氮气瓶依次放在干粉实验平台气体管路接入口附近；泡沫消防车或手抬机动泵设置于干粉喷射装置周边。

2. 干粉储罐充装氮气

将压缩氮气钢瓶竖直放置在干粉平台进气口一侧，通过高压铜管将氮气瓶与储罐气体接口进行连接后，将氮气充入干粉压力储罐。当压力读数达到 1.4MPa 时，关闭氮气瓶控制阀门停止供气，静止观察 3min，检查压力表读数是否变化，确认了压力无变化后进行下一步实验流程。

3. 预喷射灭火剂

在灭火实验前，预先喷射 20s，以便检查管路及连接处的气密性，同时排出管路残留的灭火剂，确保实验的准确性、可靠性和一致性。

4. 油料的填装

选取直径 344cm、壁厚 2.5mm 和壁沿 15cm 的钢制油盘，向油盘内依次注入清水与 95＃汽油，其中，水垫层高 5cm，汽油量 200L。实验现场油罐车向油盘内注油如图 6.60 所示。

5. 测定灭火时间与降温效果

在油料填充后，利用点火棒引燃油盘中的汽油，预燃 60s 后，开始进行灭火，持枪手依次打开复合射流喷射开关，对油盘进行灭火。在灭火过程中，利用摄像机和热成像仪分别记录灭火效果与降温效果。

在火点被扑灭后，再次使用点火棒靠近油盘，尝试对油盘进行二次点燃，观察是否复燃，检查复合灭火剂抗复燃的效果。

图 6.60　油罐车对油盘进行注油

6. 实验间隔准备

在每组灭火实验结束后，重新检查各组件的连接情况以确保气密性，并对灭火剂的剩余量进行统计，同时，检查干粉储罐的压力表读数，确保实验条件的一致性。

7. 收整器材、打扫现场

灭火实验结束后，第一时间收整各类器材装备，并组织人员对现场进行清理与回收，对油盘内的废液进行回收处理，避免实验对环境的污染。

五、实验结果与分析

1. 原复合射流枪的灭油盘火实验结果分析

以原复合射流枪为喷射器具时，基于水成膜泡沫灭火剂与憎水型超细干粉灭火剂组合，灭油盘火的实验过程如图 6.61 所示，灭火过程中的温度变化情况如图 6.62 所示；以原复合射流枪为喷射器具时，KFR-100 水系灭火剂与憎水型超细干粉灭火剂组合，灭油盘火的实验过程如图 6.63 所示，灭火过程中温度变化情况如图 6.64 所示；每组实验分别做两次，其灭火时间如表 6.9 所示，抗复燃测试结果如表 6.10 所示。

由图 6.61 可以看出，油盘被点燃后，火焰高度不断增加，温度急速升高，火势规模逐渐增大，预燃 60s 时，油盘火达到稳定燃烧阶段，此时，以原复合射流枪为喷射器具，基于水成膜泡沫灭火剂与憎水型超细干粉灭火剂组合，开始灭火，随着复合灭火剂的不断注入，油盘内的火势规模逐渐减小，火焰高度不断降低，油盘内的着火面积不断缩小，当喷射时间为 15s 时，油盘内仅在壁沿附近有燃烧现象，火势基本得到控制，当喷射时间为 19s 时，火焰被完全扑灭。

图 6.61　水成膜灭火剂协同憎水性超细干粉复合射流灭油火效果（见彩插）

由图 6.62 可以看出，在扑救油盘火实验过程中，点火后油盘火焰温度为 870℃，随着预燃时间的增加，火焰温度持续上升，在第 60s 时，火焰温度极限为 1143℃附近，此时油盘火达到稳定燃烧阶段。以原复合射流枪为喷射器具，基于水成膜泡沫灭火剂与憎水型超细干粉灭火剂组合，开始灭火，当复合灭火剂有效进入油盘火内时，火焰温度迅速下降，随着灭火时间的增加，火焰温度逐渐降低，着火区域对周围的辐射热不断降低，当达到控火时间时，火焰温度降低至 433℃，在火焰被完全扑灭时，油盘上方的温度为 276℃。

将图 6.63 与图 6.61 进行比较可知，在相同实验条件下，以原复合射流枪为喷射器具，基于 KFR-100 水系灭火剂与憎水型超细干粉灭火剂组合，进行灭火时，其控火与灭火时间分别为 12s 和 15s，相比水成膜泡沫灭火剂与憎水型超细干粉灭火剂组合，其控火与灭火时间分别缩短了约 45%和 40%。

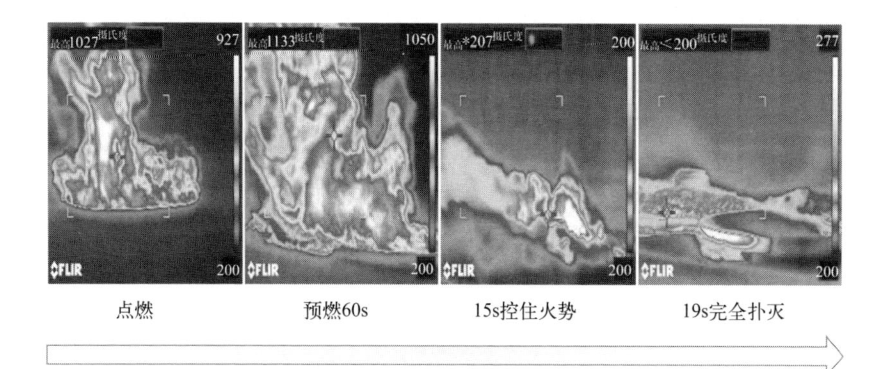

图 6.62　水成膜灭火剂协同憎水性超细干粉复合射流灭油火温度变化（见彩插）

图 6.63　KFR-100 灭火剂协同憎水性超细干粉复合射流灭油火效果（见彩插）

将图 6.64 与图 6.62 进行比较可知，在预燃阶段，油盘火的温度变化情况相同，但是以原复合射流枪为喷射器具，基于 KFR-100 水系灭火剂与憎水型超细干粉灭火剂组合进行灭火，当达到控火时间时，火焰的温度已经降低至 223℃，仅为水成膜泡沫灭火剂与憎水型超细干粉灭火剂组合灭火时的一半左右，且其温度降低速率也有很大提升。当火焰被完全扑灭时，油盘上方温度低于 200℃，通过温度变化的情况可知，KFR-100 水系灭火剂与憎水型超细干粉灭火剂组合在灭火过程中的降温效果更为明显。由表 6.9 可知，两种灭火剂组合均有良好的抗复燃性能。

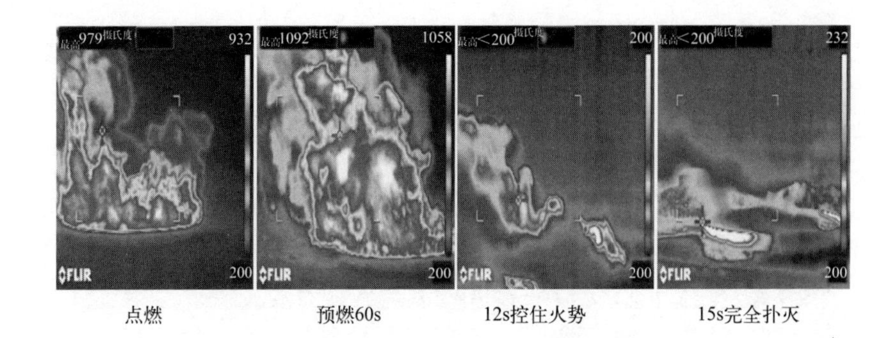

图 6.64　KFR-100 灭火剂协同憎水性超细干粉复合射流灭油火温度变化（见彩插）

表 6.9　不同灭火剂协同喷射灭火时间表

协同灭火剂	灭火时间实验值/s	二者误差
水成膜灭火剂	19	5%
	18	
KFR-100 灭火剂	15	6%
	16	

通过上述实验结果可知，以原复合射流枪为喷射器具，基于 KFR-100 水系灭火剂与憎水型超细干粉灭火剂组合的灭火性能与降温效果优于水成膜泡沫灭火剂与憎水型超细干粉灭火剂组合。

2. 优化后复合射流枪的灭油盘火实验结果分析

以优化后的复合射流枪为喷射器具时，基于水成膜泡沫灭火剂与憎水型超细干粉灭火剂组合，灭油盘火的实验过程如图 6.65 所示，灭火过程中的温度变化情况如图 6.66 所示；以优化后复合射流枪为喷射器具时，基于 KFR-100 水系灭火剂与憎水型超细干粉灭火剂组合，灭油盘火的实验过程如图 6.67 所示，灭火过程中温度变化情况如图 6.68 所示；抗复燃测试结果如表 6.10 所示。

由图 6.65 可以看出，油盘被点燃后，火焰高度不断增加，温度急速升高，火势规模逐渐增大，预燃 60s 时，油盘火达到稳定燃烧阶段，此时，以优化后的复合射流枪为喷射器具，基于水成膜泡沫灭火剂与憎水型超细干粉灭火剂组合，开始灭火，随着复合灭火剂的不断注入，油盘内的火势规模逐渐减小，火焰高度不断降低，油盘内的着火面积不断缩小，当喷射时间为 15s 时，油盘内仅在壁沿附近有燃烧现象，火势基本得到控制，当喷射时间为 19s 时，火焰被完全扑灭。

图 6.65　水成膜泡沫灭火剂协同超细干粉基于优化枪复合射流灭油火过程（见彩插）

由图 6.66 可以看出，在扑救油盘火实验过程中，点火后油盘火焰温度为 1027℃，随着预燃时间的增加，火焰温度持续上升，在第 60s 时，火焰温度极限为 1133℃附近，此时油盘火达到稳定燃烧阶段。以优化后的复合射流枪为喷射器具，基于水成膜泡沫灭火剂与憎水型超细干粉灭火剂组合，开始灭火，当复合灭火剂有效进入油盘火

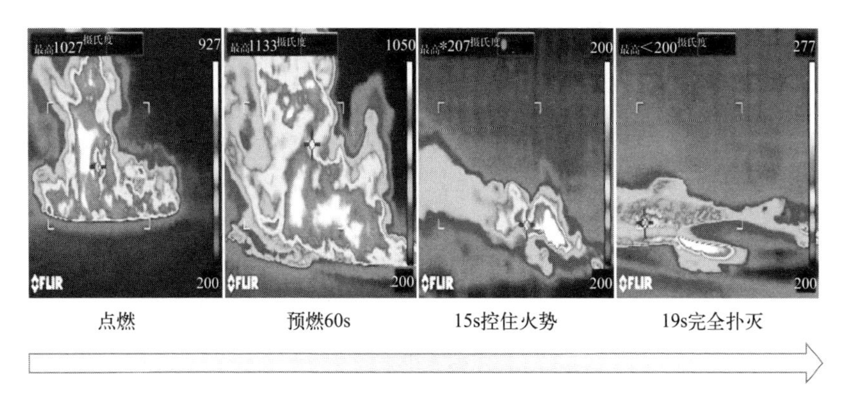

图 6.66　水成膜泡沫灭火剂协同超细干粉基于优化枪复合射流灭油火温度变化（见彩插）

内时，火焰温度迅速下降，随着灭火时间的增加，火焰温度逐渐降低，着火区域对周围的辐射热不断降低，当达到控火时间时，火焰温度降低至 207℃，在火焰被完全扑灭时，油盘上方的温度低于 200℃。

将图 6.67 与图 6.65 进行比较可知，在相同实验条件下，以优化后的复合射流枪为喷射器具，基于 KFR-100 水系灭火剂与憎水型超细干粉灭火剂组合，进行灭火时，其控火与灭火时间分别为 8s 和 10s，相比水成膜泡沫灭火剂与憎水型超细干粉灭火剂组合，其控火与灭火时间均缩短了约 47%。

图 6.67　KFR-100 水系灭火剂协同超细干粉基于优化枪复合射流灭油火过程（见彩插）

将图 6.68 与图 6.66 进行比较可知，在预燃阶段，油盘火的温度变化情况相同，但是以优化后的复合射流枪为喷射器具，基于 KFR-100 水系灭火剂与憎水型超细干粉灭火剂组合进行灭火，当达到控火时间时，火焰的温度已经降低至 200℃以下，低于水成膜泡沫灭火剂与憎水型超细干粉灭火剂组合灭火时的温度，且其温度降低速率也有提升。当火焰被完全扑灭时，油盘上方温度低于 200℃，通过温度变化的情况可知，KFR-100 水系灭火剂与憎水型超细干粉灭火剂组合在灭火过程中的降温效果更为明显。由表 6.10 可知，两种灭火剂组合均有良好的抗复燃性能。

通过上述实验结果可知，以优化后的复合射流枪为喷射器具，基于 KFR-100 水系灭火剂与憎水型超细干粉灭火剂组合的灭火性能与降温效果优于水成膜泡沫灭火剂与憎水型超细干粉灭火剂组合。

图 6.68　KFR-100 水系灭火剂协同超细干粉基于优化枪复合射流灭油火温度变化（见彩插）

表 6.10　不同灭火剂协同喷射灭火复燃情况表

协同灭火剂	实验组次	引燃方式	复燃情况
水成膜灭火剂	第 1 组实验	点火棒油面上引燃	否
	第 2 组实验	点火棒油面上引燃	否
KFR-100 灭火剂	第 1 组实验	点火棒油面上引燃	否
	第 2 组实验	点火棒油面上引燃	否

3. 实验结果原因分析

基于水成膜泡沫灭火剂或 KFR-100 水系灭火剂与憎水型超细干粉灭火剂组合，以原复合射流枪为喷射器具时，其灭火时间分别为 25s 和 15s，以优化后复合射流枪为喷射器具时，其灭火时间分别为 19s 和 10s，相较于原复合射流枪，其灭火时间分别降低了约 32% 和 50%，灭火速度的提升是由于复合灭火剂协同性增强导致有效灭火强度增加所致；两种灭火剂组合中，KFR-100 水系灭火剂与憎水型超细干粉灭火剂组合的灭火效果较好。

造成这种结果的原因主要为：

（1）KFR-100 水系灭火剂与憎水型超细干粉灭火剂组合的灭火与降温效果优于水成膜泡沫灭火剂与憎水型超细干粉灭火剂组合；

（2）在提高复合射流的协同喷射效果后，复合射流灭火剂的有效灭火强度得到增加，单位时间内有效的复合灭火剂输送量增加，提高了复合射流喷射器具的灭火效率与降温能力。

第七章　复合射流灭火技术在石化类火灾扑救中的应用

第一节　在油库储罐区火灾中的应用

油库储罐区火灾爆炸事故是石油化工类火灾中最为常见的一类火灾，是石油化工行业公认的主要危害，也是近年来困扰大型油罐灭火实战的难点。由于各类油料储罐大多数密集设置在罐区中，且周边常伴有其他易燃易爆的危险石化产品，因此，油库储罐区火灾通常会造成重大的经济损失和人员伤亡。

复合射流灭火技术由于自身的技术特点，适用于油库罐区内多类不同特点的火灾，相关设备可作为油库罐区火灾事故的主战设备加以配备。复合射流灭火技术既可单独喷射水流、微胞囊类灭火剂水溶液、超细干粉灭火剂，又可以喷射三相复合射流，在目前的装备研发方面，既有举高喷射消防车，又有车顶炮消防车，同时以上两类车辆还配备了复合射流管枪，因此，对于不同特点的油库火灾以及灭火过程的不同阶段，可以发挥出不同的战术作用。采用复合射流技术的相关类型消防车既能单独作战，也可与其他类型消防车辆配合使用。由于进入市场的时间尚短，一线部队配备数量较少，灭火成本较高，因此，在油库火灾中，通常将目前常用的移动灭火设备（如各类泡沫消防车、水罐消防车等）与复合射流移动灭火设备配合使用，如此可以使传统的泡沫消防车等移动灭火设备发挥出更大的灭火战斗力。

一、全液面敞开式燃烧油罐火

1. 火灾特点

此类火灾是油罐在爆炸威力较大，冲击力较强的情况下，将整个罐顶掀掉后，火焰在整个油面上燃烧的一种形态。敞开式燃烧，无论是轻质油罐火灾，还是重质油罐火灾，近年来发生频率均较高。此类火灾燃烧火势比较猛烈，罐口火焰风压较大，温度与辐射热值极高，扑救时需要投入较多的灭火力量，并经过较长时间的准备才能奏效。另外，此类火灾的火区范围大，火焰辐射面大，容易造成相邻储罐的燃烧，从而导致火势扩大，若是重质油品将有可能发生沸溢喷溅，形成大面积地面流淌火，不仅增加了扑救难度，也造成了更大程度的经济损失与人员伤亡。

2. 泡沫扑救油罐火灾的难点

全液面敞开式燃烧大多由爆炸形成，这就造成了此类火灾大多数情况下，各类固定灭火设施遭到不同程度的破坏而无法动作，因此，实战中经常是以移动灭火设备为主。扑救油类火灾通常使用泡沫移动设备，但油罐发生火灾后，火焰最高温度因油品不同从1050～1400℃不等，油罐罐壁长时间受热后温度也可高达1000℃以上，导致罐壁坍塌，向内卷曲，形成隐蔽空间，灭火剂无法进入。加之罐壁的温度超过600℃时，泡沫由于大量被破坏，无法起到扑灭油罐火灾的作用。油罐起火后，须对罐壁与液面进行较长时间的冷却后，方有可能用泡沫扑灭火灾。

在油品液面的温度下降到147℃以下时，泡沫方可稳定覆盖。一般情况下，泡沫进入燃烧区时，泡沫蒸发破灭很迅速。当油品液面温度降到147℃以下后，泡沫层才能在燃烧液面推进，从而使燃烧液面不断减小，最后覆盖整个燃烧液面，扑灭火灾。但此时泡沫仍不断破灭（蒸发），直至油品温度下降到98℃以下，泡沫蒸发破灭才逐渐减少。由此可见，灭火初期使用的大量泡沫，绝大部分只起到了微弱的降温作用。然而泡沫灭火剂由于其主要灭火机理是隔绝燃料与空气的联系而非冷却，所以，泡沫灭火剂与其他水系灭火剂相比并不是一种较好的冷却剂。在油罐火灾灭火过程中，泡沫灭火剂要发挥其并不出色的冷却效果来达到降温的目的，因此在油类火灾扑救的过程中，用于冷却降温而被破坏的泡沫需求量很大，因此，必须强调，在扑救油罐火灾的战术中，要集中力量，集中灭火剂后再进行灭火。泡沫灭火剂的实际供给强度应大于理论供给强度，以填补损失量（大型油罐损失量约为 60%）。

3. 复合射流技战术应用

复合射流灭火系统具有迅速压制火势及降低油面温度与辐射热的作用，因此，复合射流消防车可单独作战也可与其他车种配合。例如，在大型火场复合射流消防车配备数量不足的情况下，也可将复合射流消防车作为主战车，以泡沫消防车为辅助进行组合编成，这将使泡沫的损失量大大降低。复合射流灭火系统中的微胞囊类灭火剂为强冷却剂，其降低液面温度与火焰辐射热的效果已通过实践得到证实。在复合射流到达落点区域时，该区域附近液面温度在 28s 内可迅速降到 40℃左右，射流覆盖到的罐壁温度也由 603℃下降到 69℃。由于复合射流中的微胞囊类灭火剂具有快速降低液面温度及辐射热的效果，且超细干粉有迅速压制火势的作用，因此，在复合射流迅速压制火势，快速降低液面温度后，泡沫消防车将泡沫向复合射流的覆盖范围进行喷射，可以最大程度地降低泡沫的破损率，提高泡沫的有效覆盖率，大大减少以往战法中仅使用泡沫类消防车灭油类火所造成的泡沫大量浪费。两类消防车辆配合的具体战法如下：

（1）停靠位置与落点的配合　复合射流高喷车与大流量泡沫车可同时停靠在着火罐的上风向，如遇大型油罐全液面燃烧时，也可将两辆或多辆泡沫消防车停靠在着火罐的两个侧风向（图 7.1），视油罐高度调整复合射流消防车臂架高度，保持射流中轴上炮口到达燃烧区的距离在 30～40m 范围内，此距离可保证在灭火进攻时，超细干粉有足够的动能射入燃烧区中心，又可保证在到达燃烧区时超细干粉有较好的析出量和淹没面积，提高超细干粉在燃烧区的析出浓度与淹没的时间。大流量泡沫车停靠在其射程范围内，以 30°～45°喷射角度向油罐内喷射泡沫，保证泡沫射流的落点与复合射流高喷车的射击范围一致，复合射流高喷车的射流落点以上文中灭火试验得出的结论为准。

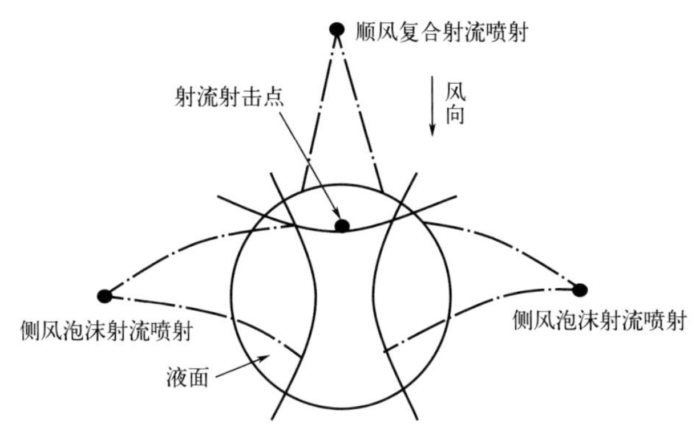

图 7.1　复合射流高喷车与泡沫车组合应用

侧风喷射泡沫因受风影响会产生偏角，其射程虽小于顺风喷射射程，但侧风喷射的泡沫覆盖面积远远大于顺风喷射，因而有利于泡沫的迅速覆盖。假设靠近复合射流喷射端的燃烧区定义为燃烧区域的前端，复合射流的最佳落点在燃烧区前端，使得液相的微胞囊类灭火剂水溶液先接触此区域，因而这一区域的液面温度与罐壁温度降低幅度最大。因此，为了减少高温所导致的泡沫破损率，使更多的泡沫能有效地起到覆盖灭火的效果，应将泡沫射流的落点与复合射流的落点标定在同一区域。

（2）具体灭火流程　在灭火准备就绪后，首先启动复合射流高喷车，对燃烧区射击点进行定点喷射。随着复合射流进入燃烧区，大量超细干粉析出将会迅速压制火焰，超细干粉的析出与弥漫将燃烧区笼罩，可减小燃烧区火焰热辐射对泡沫的破坏，与此同时，微胞囊类灭火剂的强冷却作用，可将落点附近的液面温度与辐射热强度大幅降低。在火势被压制后，启动大流量泡沫炮，向燃烧区复合射流射击范围附近喷射泡沫，并随着火势逐渐被消灭而向前推进，直至燃烧区火势彻底熄灭。必须强调，泡沫消防车的灭火效果要远低于复合射流消防车，因此，在复合射流消防车数量充足的情况下，应首先考虑使用多辆复合射流消防车进行编成。

在使用泡沫车与复合射流车编成时需要注意，复合射流灭火系统中存在超细干粉灭火剂，普通的蛋白泡沫是无法与之联用的，这是因为超细干粉中所用的防潮剂（如硬脂酸镁）对泡沫有很大的破坏作用，两者一经接触，泡沫就会很快被破坏而消失。所以，与复合射流灭火系统配合的泡沫应选用氟蛋白泡沫或水成膜泡沫，由于这两类泡沫中含有表面活性剂，具有抵抗超细干粉颗粒破坏的能力，当表面活性剂的含量达到1.5％～2％时，与超细干粉就有良好的联用性。因此，氟蛋白泡沫灭火剂与水成膜泡沫灭火剂可与复合射流灭火系统配合扑救油类火灾。

二、塌陷、半封闭式燃烧油罐火

1. 火灾特点

塌陷状燃烧，是指有些火灾的爆炸威力相对较小，冲击力不均匀，使罐盖被掀掉一部分后，而塌陷到油品中的一种半封闭式的燃烧。外浮顶罐的密封圈处发生火灾或爆炸后，可导致密封圈、浮仓被破坏，浮仓被破坏甚至会导致整个浮盘的倾斜，由此产生的半封闭空间火灾，也属此类范畴之内。虽然此类火灾的燃烧面积较小，但因部分构件塌陷或遮挡，导致灭火时出现死角，泡沫不易覆盖到塌陷或遮挡部件下的油面，使灭火出现困难。对于浮顶罐火灾，移动设备很难利用泡沫将燃烧的油品覆盖，若浮仓泄漏或浮船倾斜，火势扩大，燃烧区仍处于半封闭状态，泡沫灭火剂依旧难以将燃烧表面全部覆盖。另外，也会因塌陷构件温度过高、传热快而导致复燃；或引起油品过早出现沸溢或喷溅。因此，使灭火剂覆盖到半封闭空间内，降低塌陷或遮挡部件温度，是扑救此类火灾的关键因素。

2. 复合射流技战术应用

通常遇到塌陷燃烧时，在条件允许的情况下，可以通过注水、注油提高油品液面，使液面高出暴露的部分罐顶，形成水平液面后，再用泡沫扑灭火灾。但更多情况下，客观条件不允许升高油品液面，而复合射流灭火系统由于复合射流中含有气溶胶级的超细干粉，粒径细小，具有气体灭火剂的特征，可以不受方向限制，绕过障碍物到达保护空间的任何角落，并能在着火空间内悬浮较长时间，从而实现淹没灭火。

具体的战术原则是首先使用复合射流消灭全部暴露在外的液面火灾，此时由于冷气溶胶的分散性和流动性，被遮挡的半封闭空间内的火势也同样能得到抑制甚至全部消灭，但由于半封闭空间内的火焰是通过冷气溶胶灭火剂消灭的，没有得到微胞囊类灭火剂的充分冷却，内部还保持着较高的温度，如果此时不继续降低半封闭空间的温度，很可能导致复燃。因此，在先使用复合射流消灭露天液面火焰后，再将复合射流改为微胞囊类灭火剂水溶液的液相射流，调整炮口角度，直击半封闭空间的通风口，持续冷却一段时间，确保半封闭空间内的火势全部熄灭，并使温度降低到常温。若外浮顶罐的着火点在密封圈内，可通过密封圈顶部裂口处喷射复合射流或超细粉流，若浮仓泄漏或浮船已倾斜，则直接向半封闭燃烧空间的通风口处喷射复合射流。

三、立体式燃烧油罐火

立体式燃烧，是指由于油品沸溢、喷溅、溢流或其他原因而形成的罐内罐外、罐上地面的同时燃烧。这种形式的燃烧，将对着火罐本身产生极大的破坏作用，也给相邻罐带来极大的威胁，灭火时难度较大，由于防火堤内形成大面积火场，灭火人员无法接近油罐灭火。此时，即使固定的冷却灭火设备没有被破坏，也不能进行冷却或灭火。因为冷却水会导致防火堤内油品液面升高，火势扩大；灭火系统则由于油罐被火焰包围，即使将罐内火扑灭，但由于罐外火焰的持续燃烧，仍会使油罐重新燃烧。

此类火灾是油库火灾中扑救难度较大的一种，如果处置不当，扑救不及时，很容易引燃邻近油罐而导致火势扩大。应对此类火灾，可以复合射流车顶炮消防车与复合射流举高喷射消防车为主战车相互配合灭火，如火场面积过大，也可编入泡沫消防车进行辅助。总的战术原则依然是先地面，后油罐，先冷却，后灭火。具体战术如下：

（1）复合射流车顶炮消防车与复合射流举高喷射消防车停靠在上风向防火堤外同侧，复合射流车顶炮消防车首先启动车顶炮喷射复合射流，同时使用复合射流喷枪喷射复合射流，用以补充车顶炮覆盖不到的地方。二者同时进行地面火灾的扑救。

（2）为防止燃烧油罐爆裂或塌陷导致油品再次外溢，必须同时使用复合射流高喷车以微胞囊类灭火剂水溶液射流对着火罐进行冷却降温，延缓罐壁升温的速度，维持罐壁的抗烧强度，为复合射流车顶炮消防车扑灭地面火势赢得时间，另外，微胞囊类灭火剂水溶液自上而下地对罐壁进行冷却降温，不仅冷却降温效果好，而且其对油类火灾的灭火效果也较为理想，可以对扑救地面火势起到辅助作用。

（3）如果地面火势较大，或罐的直径较大，复合射流车顶炮车配备数量不足，可以用其他泡沫车对着火罐另一侧罐壁进行冷却或辅助地面火势的控制，并同时使用水罐车对相邻罐罐壁进行冷却保护。

（4）在防火堤内地面火势得到控制或消灭后，复合射流车顶炮消防车改用纯水流或微胞囊类灭火剂水溶液，继续对着火罐壁进行冷却，复合射流高喷车改用复合射流对着火罐进攻灭火，泡沫车辆按扑救全液面油罐火的战术组合方法进行辅助灭火。

复合射流灭火技术先后在中国石油大庆训练中心、大连消防救援支队和第二届全国危化品应急救援技术竞赛上进行了油罐火灾灭火实战演练（图 7.2～图 7.4），得到了中央电视台、政府网、中新网、搜狐网、新华网等媒体的广泛报道，取得了良好的社会反响。

图 7.2　大庆油田 20000m^3 油罐实战演练

图 7.3　大连消防支队 5000m^3 油罐灭火实战演练

图 7.4　第二届全国危险化学品救援技术竞赛现场演练

第二节　在石化装置火灾中的应用

石油化工装置发生火灾，火情往往比较复杂，常伴随轰燃、爆炸、毒气、腐蚀和污染，并出现立体、大面积、多火点、复燃、复爆等多种燃烧形式。另外，在石化类火灾中，石化装置火灾所造成的经济损失与人员伤亡居第一位。

石化装置火灾常具有以下特点：生产装置内的物料绝大多数易燃易爆，起火后，热值大、辐射热强、蔓延迅速，短时间内造成大面积燃烧；设备周围环境复杂，管线多，存在扑救死角；火灾发生时，设备往往带压运行，压力未降之前不易扑救；生产装置设备高大密集呈立体布置，框架结构、孔洞较多，易形成立体火灾；生产装置多为钢质材料，在强火焰作用下，强度下降，容易变形或倒塌。

复合射流灭火技术由于充分发挥了多种新型灭火剂的优势，其复合射流可以迅速控制火势，远距离灭火效果好。其中的超细干粉流弥散性好，不受障碍限制，灭火无死角；微胞囊类灭火剂冷却降温抗复燃效果好，使复合射流灭火技术可在石化装置火灾中发挥重要作用。

一、气态物料生产装置火灾扑救

1. 火灾特点

气态物料生产装置火灾具有以下特点：

① 一般存有此类物料的设备距地面较高，扑救不便；

② 存有这种物料的设备周围环境比较复杂，相邻设备、构建物较多；

③ 此种设备具有连续带压作业的特点，不切断进料，火灾不易扑灭；

④ 大多数设备内部的压力比外界高，不易在设备内形成爆炸混合气。根据气态物料生产装置的火灾特点，选择复合射流举高喷射消防车与复合射流车顶炮消防车编组。

2. 工艺措施下的复合射流应用

扑救此类装置火灾，不管使用何种移动设备，首先要进行工艺处理。在冷却灭火掩护的配合下，在工程技术人员的指导下，对装置进行关阀、断料、放空、切换流程等工艺措施，实施工艺灭火。

其次，确定装置中是否存在负压装置。由于负压装置的内部压力比外界低，如果负压装置泄漏，空气进入装置内，与其中的可燃气体形成爆炸混合物，特别容易引起爆炸，因此，应先确定负压装置是否泄漏或受到火势威胁，如已泄漏或受到火势威胁，应及时扑救此处火势，并利用超细干粉流对负压装置进行淹没保护。与此同时，根据着火点的高度，利用高喷车与车顶炮车以微胞囊类水溶液射流对着火设备与火焰直接作用的设备进行冷却，需要特别注意的是，在没有切断气源的情况下，切不可盲目灭火，造成可燃气体泄漏处与空气形成爆炸性混合气体。

再次，利用超细干粉射流对可能形成可燃气体积聚的低洼地带进行淹没覆盖，如有条件，可使用正压排烟车或大功率正压排烟机对低洼部位进行吹扫，保证消防人员与装备的安全。在扑救装置泄漏处火焰前，先扑救其他位置火点，在确保断料、降压等工艺灭火措施处理完毕，泄漏设备内的压力近于常压时，才能扑灭装置火焰。在泄漏气体为有毒气体时，可进行监护燃烧，复合射流消防车负责冷却，并配合正压送风短时间改变火场风向，以确保人员安全。

由于常温为气态的物料装置泄漏时，爆炸可能性增大，因此，应充分发挥复合射流灭火系统可以远距离输送超细干粉的特点，尽量实现远距离作战。实施工艺措施灭火时，选择经过工程技术人员指导的精干人员或直接派遣工程技术人员，在正压排烟车、微胞囊类灭火剂水溶液射流的掩护下，深入进行作业。

二、液态物料生产装置火灾扑救

1. 火灾特点

液态物料生产装置火灾具有以下特点：

① 一般存有此类物料的设备距地面高度较低；

② 设备内部具有压力，可燃物料一般在泄漏点喷射燃烧；

③ 泄漏物料的设备表面温度较高，影响冷却效果；

④ 不易形成化学性爆炸，但高热量对泄漏设备及相邻设备的破坏严重，具备物理性爆炸的危险；

⑤ 容易形成立体燃烧。

由以上火灾特点可以看出，扑救液态物料生产装置火灾的关键是设备装置的冷却与立体火灾的控制。液态物料生产装置火灾一旦发生，如在初期得不到控制，则多以大火场的形式出现，或大面积火灾，或立体火灾，或多火点火灾，而且火势发展迅速猛烈。为应对立体火灾，依然选择复合射流举高喷射消防车与复合射流车顶炮消防车为主战车辆，泡沫消防车为辅助灭火车辆、水罐车为辅助冷却车辆的编组。

2. 复合射流技战术应用

扑救此类装置火灾，应首先确认装置中是否存储了易挥发、易汽化的液态物料，此类装置在受到火焰作用时，内部压力快速升高，易发生物理性爆炸，从而导致火势扩大，因此，应首先利用复合射流举高喷射消防车消灭此类装置周边火点，并以微胞囊类灭火剂水溶液将此装置持续冷却至常温。与此同时，以复合射流车顶炮消防车为主战灭火车辆，重点消灭地面流淌火，首先消灭直接作用在泄漏装置或邻近装置上的地面流淌火。其次，在冷却任务已经展开，基本消除爆炸危险的前提下，组织精干人员在工程技术人员的指导下，做好个人防护，深入进行工艺措施灭火。为保证人员安全，可用复合射流喷枪以微胞囊类灭火剂水溶液对作业人员全身进行覆盖，利用微胞囊类灭火剂良好的阻燃隔热效果，减小高温热辐射对作业人员安全威胁。

如遇到大面积立体式燃烧火场，则复合射流高喷车主要负责自上而下冷却重点设备（易发生爆炸的设备、泄漏设备、受火焰直接作用的设备），而复合射流车顶炮车与其他泡沫消防车则主要负责扑灭地面流淌火。另外，石化装置液态物料碳含量较高，在浓烟影响灭火进程的情况下，可通过向重型水罐车中添加微胞囊类灭火剂，以其射流进行除烟，也可利用正压排烟车配合水罐车进行浓烟流向的改变与有毒烟雾颗粒的稀释。在扑救装置泄漏处火焰前，先扑救其他位置火点，在确保断料、降压等工艺灭火措施处理完毕，泄漏设备内的压力近于常压时，才能扑灭装置泄漏处火焰。

第三节　在化学品仓库火灾中的应用

化学危险品仓库是危险品从生产领域向消费领域流通过程中停留的基地或场所，是储存化学危险品的专用仓库。由于化学危险品种类繁多、性能复杂，因此，化学危险品仓库火灾通常具有易发生爆炸、易产生有毒气体、火情复杂多变、灭火剂选择难度大等特点，是一类危险性较大的化工类火灾。复合射流灭火技术由于其灭火剂的种类多，射流方式的选择多，对多数的火灾类型都具有广泛的适用性，因而在面对复杂多变的化学危险品仓库火灾时，具有灵活多变的优势。

一、易发生爆炸的化学品仓库火灾扑救

1. 抑爆剂性能分析

在有爆炸危险性的仓库发生火灾时，现有的抑爆剂主要采用ABC、BC干粉灭火剂，其作用主要是抑制爆炸火焰的发展，干粉颗粒在高温下分解的过程中与易爆品均裂生成的带单电子的原子或原子团（游离基）结合为稳定的分子，从而减少游离基的浓度，起到抑制爆炸的作用，致使爆炸火焰熄灭并降低爆炸强度。另外，磷酸盐干粉生成的 P_2O_5 可包裹固体粉尘颗粒表面，形成隔绝空气的一层薄膜，起到阻止复燃的作用。一般来说，灭火的干粉灭火剂，其粒度对其灭火效果影响明显，干粉灭火剂中并不是所有粒子都在高温下分解，只

有小于一定粒径的粒子（通常称为小粒子）在火焰中才能完全分解，吸收大量热能与游离基，在灭火中起主要作用。另外，由于干粉的冷却效果欠佳，储存在罐、桶、钢瓶中的易爆品在温度无法降低的情况下，容易发生再次爆炸。蔡周全等在不同粒度干粉对于瓦斯爆炸的抑爆性能试验中得出，平均粒径为 70μm 的 ABC 干粉在 900g/m^3 的浓度下，使瓦斯的爆炸压力降低到 32%，平均粒径为 38μm 的 ABC 干粉在 700g/m^3 的浓度下，使瓦斯的爆炸压力降低到 20%。刘玉身等在对 HLK 超细干粉（粒径为 7μm）抑爆性能研究时得出，其抑制汽油蒸汽爆炸的抑爆浓度为 200g/m^3。

复合射流灭火技术所使用的超细干粉 90% 粒径在 10μm 以下，吸收游离基的速度更快，且具有气溶胶的性质，具有较长的悬浮时间和较大的淹没面积，能长时间抑制淹没区域易爆品的浓度；微胞囊类灭火剂有控制碳氢分子浓度、包裹乳化碳氢颗粒的效果，也具有一定的抑爆作用；微胞囊类灭火剂的冷却性能与渗透性能可快速降低储存危险品的罐、桶、钢瓶的温度，另外，微胞囊类灭火剂还可大大提高可燃物的活化能，在相同的热辐射条件下，温度升高的时间将大大延长，有助于控制火势的蔓延，降低易爆品爆炸的危险性。

2. 复合射流技战术应用

易爆品仓库发生火灾，消防队到场后首先要查明下列情况：

① 查明爆炸或燃烧物品的种类、性能、库存量；

② 查明爆炸或燃烧的具体部位、燃烧时间及火势蔓延的主要方向、爆炸波及范围；

③ 发生爆炸后人员伤亡情况和建筑结构的破坏情况；

④ 发生火灾后是否会引起爆炸，以及发生爆炸后会不会再次引起爆炸等。

在以上情况查明后，由于复合射流消防车适用于多数种类危险品火灾，因此，应以复合射流消防车为主战车（根据事故现场情况选择复合射流高喷车或复合射流车顶炮消防车）。

在火势尚未威胁到易爆品储存区，但正在朝此方向蔓延的情况下，应果断迅速组织精干人员，在做好个人防护的前提下，用复合射流喷枪以微胞囊类水溶液射流对易爆品进行保护，对最先可能遭受火势威胁的小包装易爆品进行覆盖，提高易爆品的抗燃性，并同时使用复合射流车顶炮以复合射流向燃烧区推进。

在易爆品仓库已经爆炸起火的情况下，应坚持远距离作战原则，在未查明是否有再次爆炸可能的情况下，禁止任何人员接近或进入危险品库，用复合射流消防车以复合射流将超细干粉输送至燃烧区迅速控制火势。由于易爆品仓库一般为单层建筑，并采用重量不大于 $100kg/m^2$ 的轻质泄压屋盖，在首次爆炸时，屋盖通常容易飞散以泄放冲击波，因此，复合射流消防车可通过屋顶、窗口、通风口、出入口、被破坏的砖墙等通道将复合射流射入燃烧区域和易爆区域。

复合射流覆盖顺序应为：

① 未爆炸区域与燃烧区或已爆炸区域的交界处；

② 燃烧区或已爆炸区域；

③ 未爆炸区域。

由于第一次爆炸后，未爆炸的易爆品储存区与已爆炸燃烧的区域交界处发生再次爆炸的可能性最大，因此，应尽全力对交界处进行保护，复合射流落点应选择在交界处靠近未爆炸区域一端，使得复合射流中的微胞囊类灭火剂对此处的易爆品进行有效冷却覆盖，提高其活化能，使其不易爆炸。另一方面，大量的超细干粉由于射流惯性碰撞以及卷吸作用等的影响，向已爆炸的燃烧区推进，有效抑制了交界处的易爆品蒸汽或颗粒浓度，与燃烧区域形成隔离带。在有效控制了交界区域后，可向燃烧区推进。在首次爆炸燃烧后会产生大量可燃混合气体与颗粒，为降低可燃混合气体与颗粒在未爆炸区的浓度，应以复合射流对未爆炸区域进行覆盖。只有在基本消除爆炸险情的前提下，才能组织精干人员进入现场实施易爆品的转输、转运。

需要注意的是，虽然复合射流灭火技术适用于多数化学危险品，但易爆品种类特性各有不同，部分易爆品在受到冲击、震动时，易发生爆炸，此时应改变喷射方式，采用吊射、溅射、折射等间接方式，减小射流对易爆品的冲击；部分易爆品与水接触会立即燃烧或爆炸，此时应直接改用超细干粉射流配合大功率正压送风车，以增加超细干粉的射程，实施远距离灭火。简而言之，在易爆品仓库火灾中，应根据易爆品的种类特性，灵活地选择复合射流灭火技术的射流种类，充分发挥射流转换的灵活性。

二、易产生有毒品的化学品仓库火灾扑救

1. 火灾特点

有毒品是指进入机体后，累计达一定的量，能与体液和器官组织发生生物化学作用或生物物理学作用，扰乱或破坏肌体的正常生理功能，引起某些器官和系统暂时性或持久性的病理改变，甚至危及生命的物品。有毒品发生火灾后，绝大多数会产生有毒气体或固体颗粒，另外，还有部分危化品本身虽不具有毒性，但遇到高温或撞击后，会分解出有毒气体或颗粒，如氟化氢、硫化氢、氰化氢、溴化钾等都是剧毒气体，此类火灾的发生往往容易造成重大的经济损失和人员伤亡。

2. 复合射流技战术应用

对于易产生有毒品的化学品仓库火灾，其火场的主要方面是如何控制有毒气体扩散，减少有毒气体含量，在此基础上，应尽快扑灭火灾。复合射流中，微胞囊类灭火剂的微胞囊作用可以将有毒气体分子或有毒颗粒包裹、乳化、沉降。尤其是对有毒颗粒、烟尘的包裹、沉降作用尤其明显。宋明韬等人在 KFR100 的研发中对其降低气体中有毒颗粒的含量进行试验，测试表明，在室内环境中，A 类火灾浓烟初始颗粒平均浓度为 94%，以普通灭火器具喷射 3%浓度配比的 KFR-100 水溶液 30s，烟的浓度迅速降到了 52%，不仅大大提高了火场的能见度，而且将气体中有毒物质的浓度降低了 90%以上。徐绍峰等人对微胞囊技术及产品 F-500 多功能灭火剂的测试数据显示，在密闭容器中的汽油蒸汽含量为 98%，喷洒 3% F-500 灭火剂水溶液 30s 后，蒸汽浓度降为 2%。由此可见，微胞囊类灭火剂对于有毒颗粒及可燃气体分子的微胞囊作用可大大降低其在空气中的浓度。另外，为控制有毒气体的扩散方向，配合灭火行动的推进，可使用正压排烟车或大功率的正压排烟机配合灭火行动。

产生有毒气体或颗粒的危化品仓库火灾，由于大量的有毒烟气存在，使消防人员很难接近火场，通过正压排烟车或大功率的排烟机械与复合射流消防车进行组合进攻，是一种较为安全的进攻手段。首

先，利用排烟车沿进攻方向改变局部火场风向（保证下风向无人员受威胁），使有毒气体或颗粒远离进攻方向，与此同时，启动复合射流消防车，以复合射流实施进攻，保证复合射流的喷射方向与送风方向一致，此时的复合射流与排烟车的送风方向相同，不但可以减少喷射过程中超细干粉的散失量，而且可以增加复合射流的射程，同时，可以使超细干粉的淹没面积增大。另外，如需消防人员深入进攻，在做好个人防护的情况下，正压送风可大大降低有毒气体对消防人员的威胁，辅助消防人员深入进攻，而且在正压送风的情况下，复合射流喷枪的有效射程更远，可增加进攻人员与燃烧区的安全距离。

在使用正压排烟车或大功率排烟机械与复合射流消防车进行配合时，应注意以下几点：

① 送风量并非越大越好。由于复合射流消防车是以超细干粉作为主要的控火、灭火手段，因而超细干粉在燃烧区淹没的时间长短对其灭火效果的影响很大，因此，在送风时，要根据送风的阻力，调节风速，使复合射流中超细干粉在燃烧区内尽可能长时间停留，延长超细干粉与火焰的接触时间，提高其灭火效率。在掩护消防人员深入进攻时，可调大风量、风速，确保进攻人员的安全。

② 遇水燃烧物质发生火灾时，复合射流消防车可仅使用超细干粉射流，在正压送风的配合下，将超细干粉送至燃烧区，但如果该类物质外包装未损坏，可使用复合射流对其进行覆盖。并在正压送风的掩护下，迅速组织人员对危化品进行转移、转输。

复合射流技战术运用的关键在于不同情况下的射流转换。在油罐火灾中，可根据灭火战斗阶段的不同，进行射流转换。复合射流灭火系统可首先使用单一水射流进行着火罐与邻近罐的冷却；在与着火罐相邻的油罐与其他设施受到强烈热辐射时，可将射流转换为微胞囊类灭火剂水溶液，对保护对象进行冷却降温与阻燃隔热；在油火扑救过程中可将射流转换为复合射流进行灭火；在超细干粉消耗殆尽的情况下，复合射流灭火系统仍可继续喷射微胞囊类灭火剂水溶液进行油类火灾的扑救；在灭火任务完成后，可再将复合射流转换为单纯水射流进行灭火后的冷却工作。在石化装置及化学危险品火灾中，可根据危险品种类的不同，进行相应的射流转换。如大多数易燃、可燃液体都用微胞囊类灭火剂水溶液扑救，但根据地形情况，在遮挡物较多、液体射流不易覆盖的区域，可转换为复合射流进行灭火；可燃气体可用超细干粉射流进行扑救等。

复合射流灭火技术是一种适用性广泛的灭火技术手段。既可单独喷射水流、微胞囊类灭火剂水溶液与超细干粉，也可喷射复合灭火剂的复合射流。在面对不同火灾类型，面对同一火灾的不同阶段时，可根据实际需要进行射流转换，这就大大增加了复合射流灭火技术的适用范围，使复合射流消防车可同时具备水罐消防车、泡沫消防车、干粉消防车、泡沫-干粉联用消防车等多种消防车的作用，其不仅可以应对石油化工类火灾，对建筑火灾、船舶火灾、金属火灾等多种类型火灾同样具有适用性。

参考文献

[1] 万象明. 冷却对油罐火灾燃烧特性的影响研究[D]. 天津：天津商业大学，2011.

[2] 赵永代. 石油储备库消防安全分析[J]. 消防科学与技术. 2010,29(06)：541-544.

[3] 张栋. 大型石油罐区泄漏火灾事故环境风险评价应用研究[D]. 北京：首都经济贸易大学，2004.

[4] 周云龙，洪文鹏，孙斌. 多相流体力学理论及其应用[M]. 北京：科学出版社，2008.

[5] 刘沛清. 自由紊动射流理论[M]. 北京：北京航空航天大学出版社，2008.

[6] An-Kuo H，Kai-Long H. A novel circular jet flow characteristics of an unconfined low-Reynolds-number binary-mixture [C]. 2011 International Conference on Multimedia Technology，2011：1907-1910.

[7] Thomas J D，Rodriguez L，Levine R A. Estimation of jet flow rate from Doppler proximal velocity acceleration：theoretical predictions from conformal mapping of inviscid flow fields[C]. Proceedings Computers in Cardiology，1990：617-620.

[8] XF 578-2023，超细干粉灭火剂[S]. 2023.

[9] 徐晓楠. 灭火剂与应用[M]. 北京：化学工业出版社，2006.

[10] 车得福，李会雄. 多相流及其应用[M]. 西安：西安交通大学出版社，2007.

[11] 邓义斌. 多相流试验装置设计与关键技术研究[D]. 武汉：武汉理工大学 2005.

[12] 公安部消防局. 中国消防手册第十二卷：消防装备. 消防产品[M]. 上海：上海科学技术出版社，2006.

[13] Ronald S. Sheinson，James E. Penner-Hahn，Doren Indritz. The Physical and Chenmical Action of Fire Suppressants[J]. ire Safety Journal，1989(15)：437-450.

[14] 邵大财，张世凤. 泡沫、干粉联用灭火的研究和应用[J]. 机械制造与自动化，2013，41(02)：65-67.

[15] 李玉，董希琳，倪军，等. 复合射流灭火技术灭火效能试验研究[J]. 消防科学与技术，2015，34(7)：894-896.

[16] 杨立军，赵建波，刘宇新. 两相流细水雾灭 B 类火实验研究[J]. 消防科学与技术，2011，30(8)：671-675.

[17] 赵文，季明刚. 多功能复合射流消防车[P]. 中国专利：CN103599614A，2014-02-26.

[18] 刘萍，张东速. 喷嘴几何参数对射流流场性能影响的计算研究[J]. 机械设计，2007，24(11)：50-51.

[19] 徐方，魏东，梁强. 气泡雾化细水雾喷头的研制及其流量特性[J]. 消防科学与技术. 2010，29(07)：588-593.

[20] 马昕霞，袁益超. 多喷嘴气-液两相喷射过程的试验[J]. 机械工程学报，2011，47(22)：147-149.

[21] Rasbash D J. Theory in the Evaluation of Fire Properties of Combustible Materials[J]. Proceedings of the Fifth International Fire, 1976, 10(6): 113-130.

[22] 况凯骞. 细化粉基灭火介质与火焰相互作用的模拟实验研究[D]. 安徽: 中国科学技术大学, 2008.

[23] 干粉灭火剂, GB 4066—2017[S]. 北京: 中国标准出版社, 2017.

[24] 泡沫灭火剂, GB 15308—2006[S]. 北京: 中国标准出版社, 2006.

[25] 邓彪. 复合射流消防车驱动气体对灭火剂性能及灭火效能的影响研究[D]. 河北: 中国人民武装警察部队学院,2018.

[26] 王丰, 尹宝宇, 车旭东. 油库消防管理与技术[M]. 北京: 中国石化出版社, 2000.

[27] 王力译. 石油化工企业事故案例剖析[M]. 北京: 中国石化出版社, 2004.

[28] 康青春, 黄金印. 中外抢险救援典型战例精选[M]. 北京: 红旗出版社, 2005.

[29] James Angle, Michael Gala. Firefighting Strategies and Tactics[M]. Delmar Cengage Learning, 2007.

[30] Anthony Avillo. Fireground strategies[M]. USA: Penn Well Coporation, 2008.